基于乳清蛋白运载和乳化作用提高姜黄素生物利用率的研究

JIYU RUQING DANBAI YUNZAI HE RUHUA ZUOYONG TIGAO JIANGHUANGSU SHENGWU LIYONGLÜ DE YANJIU

李 明/著

中国纺织出版社有限公司

图书在版编目（CIP）数据

基于乳清蛋白运载和乳化作用提高姜黄素生物利用率的研究／李明著．--北京：中国纺织出版社有限公司，2023.11

ISBN 978-7-5229-0865-6

Ⅰ．①基… Ⅱ．①李… Ⅲ．①乳蛋白-应用-姜黄-资源利用 Ⅳ．①Q513②R282.71

中国国家版本馆 CIP 数据核字（2023）第 159275 号

责任编辑：毕仕林　国　帅　　责任校对：王蕙莹
责任印制：王艳丽

中国纺织出版社有限公司出版发行
地址：北京市朝阳区百子湾东里 A407 号楼　邮政编码：100124
销售电话：010—67004422　传真：010—87155801
http://www.c-textilep.com
中国纺织出版社天猫旗舰店
官方微博 http://weibo.com/2119887771
三河市宏盛印务有限公司印刷　各地新华书店经销
2023 年 11 月第 1 版第 1 次印刷
开本：710×1000　1/16　印张：12
字数：150 千字　定价：98.00 元

前　　言

姜黄素是从姜黄中提取出的一种酚类物质，因其具有抗炎、抗氧化等多种生物活性而受到人们的广泛关注。目前，姜黄素的生产主要采用传统的有机溶剂提取法，该法存在耗能高、溶剂残留、生产效率低等问题。此外，由于姜黄素具有不溶于水、中性和碱性条件下不稳定的特性，其在人体内的吸收率较低。为了克服传统溶剂提取法的缺点和提高姜黄素在人体内的生物利用率，本书详细阐述了利用乳清蛋白为载体提高姜黄素生物利用率的研究，主要内容包括：①脉冲超声、微波和高压脉冲电场辅助提取姜黄素的工艺研究。②为了提高姜黄素的生物利用率，以β-乳球蛋白和乳清蛋白为载体，制备了β-乳球蛋白/姜黄素复合物以及乳清蛋白/姜黄素纳米乳化体系，并阐述了其形成机制和性质。③通过体外模拟实验，提示了乳球蛋白/姜黄素复合物和乳清蛋白/姜黄素纳米乳化液对姜黄素生物利用率的影响。

在姜黄素提取研究中，阐述了采用单因素和响应面优化实验确定脉冲超声和微波辅助提取姜黄素的最佳工艺研究，并从姜黄素得率、提取效率、能耗等方面对脉冲超声和微波辅助提取效率进行了对比。研究结果表明，脉冲超声提取法优于连续超声提取法，且与微波辅助提取法具有几乎相同的提取效率。但是，微波辅助提取方法的能耗更低、姜黄素纯度更高。脉冲超声辅助提取的最佳工艺为：超声振幅60%，乙醇浓度83%，料液比1∶200，脉冲持续/间隔时间为3/1、提取时间10min，所得姜黄素类化合物总量为（1.03±0.02）%。其中，单去甲氧基姜黄素、双去甲氧基姜黄素和姜黄素的纯度分别为25%、32%和43%。微波辅助提取的最佳参数为：乙醇浓度72%、微波功率

10%和提取时间7min，所得姜黄素类化合物总量为（1.01±0.02)%。其中，单去甲氧基姜黄素、双去甲氧基姜黄素和姜黄素的纯度分别为23%、27%和50%。

在β-乳球蛋白/姜黄素复合物研究中，采用荧光光谱和傅里叶红外光谱法揭示了β-乳球蛋白与姜黄素的反应机制。结果表明1分子β-乳球蛋白通过疏水作用力与1分子姜黄素结合形成了β-乳球蛋白/姜黄素复合物，姜黄素对β-乳球蛋白的二级结构产生一定程度的影响。在pH=6.0条件下姜黄素结合在β-乳球蛋白表面疏水性区域，在pH=7.0条件下姜黄素结合在β-乳球蛋白β-桶形区域。1g/100mL的复合物可以提供175.50μg/mL的可溶性姜黄素，使姜黄素的溶解度提高了1590倍。β-乳球蛋白/姜黄素复合物在不同的pH值条件下具有良好的稳定性。复合物的形成提高了β-乳球蛋白的热稳定性和姜黄素的总还原力，但却降低了姜黄素清除自由基的能力。

在姜黄素/乳清蛋白纳米乳化液的研究中，阐述了乳化体系的制备及其稳定性。研究结果显示，乳化液的最佳制备工艺为：连续相中蛋白质浓度5g/100mL，油水比20%（体积分数），均质压力50MPa，均质次数3次，所得乳化液平均粒径约为200nm。姜黄素/乳清蛋白纳米乳化液在不同的离子强度、高温及长期贮存的条件下都具有良好的稳定性。ι-卡拉胶对姜黄素/乳清蛋白纳米乳化液在高温条件下的稳定性没有显著影响，反而降低了姜黄素纳米乳化体系的贮藏稳定性及其在高离子强度条件下的稳定性。

在体外模拟实验中，体外模拟胃肠道环境并建立Caco-2细胞模型揭示了β-乳球蛋白/姜黄素复合物和姜黄素/乳清蛋白纳米乳化体系的胃肠道消化性及其对姜黄素吸收率的影响。研究结果表明，经胰酶消化后的姜黄素/乳清蛋白纳米乳化液和未经酶作用的β-乳球蛋白/姜黄素复合物中的姜黄素吸收率最高，两者P_{app}值十分接近。肠道细胞对姜黄素/乳清蛋白纳米乳化液中姜黄素的吸收主要是通过消化-吸收机制，即姜黄素是随着纳米乳化液中分散相经蛋白酶和脂肪酶的水解过程被肠道细胞逐步吸收的，而β-乳球蛋白/姜黄素复合在肠道中的吸收是直接扩散和消化-吸收两种机制。致敏性实验结果表明，β-乳球蛋白/姜黄素复合物的形成能够降低β-乳球蛋白的致敏性，并且姜黄素/牛乳清蛋白纳米乳化液的致敏性也显著低于乳清蛋白。

在本书的编写过程中，作者参考了大量国内外教材、著作等资料，限于篇幅，不能在文中一一列举，敬请见谅。由于作者学识水平有限，本书难免存在疏漏和不当之处，敬请各位同行和读者批评指正。

本书适合食品科学与工程类专业的本科生和研究生作为课外学习辅助材料，也可供从事功能食品研发者参考应用。

李　明
通化师范学院
2023年6月

目　　录

第1章　绪论

1.1　课题背景及研究目的和意义

姜黄素（curcumin，CCM）是从姜黄中提取出的一种黄色色素，属于酚类物质。许多研究显示，姜黄素具有抗炎、抗氧化、降血脂、抑制2型糖尿病并发症的作用，含有抑制血栓和心肌梗死等生物活性物质。

目前，姜黄素虽只作为一种食用色素使用，但因其较高的生物活性，使其在食品与药品行业中具有极大的开发与应用潜力，因此对姜黄素产品的安全性就有了更高的要求。目前，姜黄素的提取主要还是采用常规的有机溶剂提取法。常规提取法往往需要大量的有机溶剂，并且耗时长，耗能多，污染环境，因溶剂残留和纯度不高而降低了产品的安全性和质量。为了克服常规提取方法的上述缺点，非传统提取技术应运而生。非传统提取技术是为了满足降低能耗，提高产品安全性和质量而开发和设计的提取工艺。为了得到高质量的姜黄素和其他姜黄素类化合物，本研究采用脉冲超声、微波及高压脉冲电场3种非传统提取技术研究姜黄素类化合物的提取工艺，得出最佳的提取方法和技术。

尽管姜黄素的药理作用非常明确，但由于其自身的因素，极大地限制了它在临床上的应用。姜黄素不溶于水，酸性条件下不溶，在中性及碱性条件下不稳定，进而大大降低了其吸收率。为了提高姜黄素在水中的溶解度，进而提高姜黄素在人体肠道中的吸收率，研究中分别采用了β-乳球蛋白（β-lactoglobulin，β-Lg）和乳清蛋白（whey protein，WP）为材料，通过制备β-乳球蛋白/姜黄素（β-Lg/CCM）复合物和姜黄素/乳清蛋白（CCM/WP）纳米乳化体系以提高姜黄素在水中的溶解度，从而促进姜黄素在人体肠道中的吸收，同时，通过体外模拟胃肠道环境和建立 Caco-2 细胞模型模拟肠道细胞，以考察β-Lg/CCM 复合物和 CCM/WP 纳米乳化体系在人体胃肠道中的消化吸收作用。

1.2 国内外研究现状分析

本研究的主要目的是采用非传统技术获得低能耗、高效率的姜黄素提取工艺，并通过制备β-乳球蛋白/姜黄素复合物和姜黄素/乳清蛋白纳米乳化体系两种载体提高姜黄素的生物利用率。为了充分获得与本研究相关的理论和技术知识，本文首先对姜黄素提取、β-乳球蛋白运载小分子生物活性物质、牛乳清蛋白纳米乳化体系及提高姜黄素生物利用等方面的研究现状进行分析。

1.2.1 姜黄素提取的研究现状

姜黄素的结构和理化性质决定了姜黄素的提取方法，因此需要充分了解姜黄素的结构、溶解度和稳定性等理化性质。

1.2.1.1 姜黄素的结构及性质

姜黄素是从姜黄中提取出的一种黄色色素，属于酚类物质，其存在形式主要有 3 种（图 1-1）。溶液中姜黄素以酮-烯醇互变异构体的形式存在，其中烯醇式结构更加稳定，是姜黄素存在的主要形式。许多研究显示姜黄素的烯醇式结构和酚羟基在抗氧化活性上起着重要作用。姜黄素在酸性条件下不溶于水，能溶于碱性水溶液，在酸性条件下稳定、耐高温，在中性、碱性及光照条件下会分解。在碱性条件下，姜黄素最终降解为以阿魏酸、香草醛和丙酮为主的产物。在光照下，姜黄素会降解成香草酸、香草醛和阿魏酸。

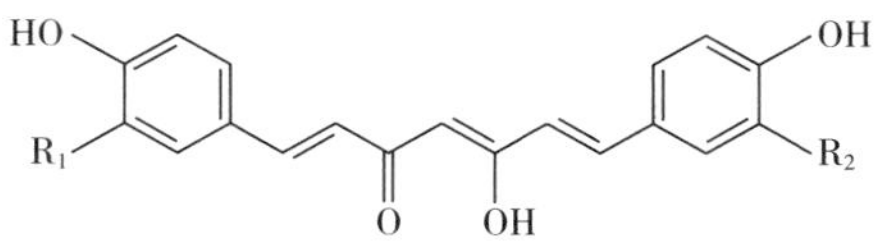

（1）$R_1=R_2=OCH_3$ 姜黄素
（2）$R_1=OCH_3$，$R_2=H$ 去甲氧基姜黄素
（3）$R_1=R_2=H$ 双去甲氧基姜黄素

图1-1 姜黄素的分子结构

1.2.1.2 姜黄素的提取方法

姜黄素的提取方法有碱水提取法、有机溶剂提取法、酶提取法、表面活性剂协同提取法、水杨酸法、微波提取法、超声波提取法和超临界流体萃取法。

（1）碱水提取法。姜黄素易溶于碱水，故可以用碱水对姜黄素进行浸提。碱水的pH一般为9.0~9.5或含有10mg/mL的NaOH。除了浸泡提取外，姜黄素也可以用碱水煮沸提取。虽然有报道用碱水煮沸或碱水浸泡提取姜黄素，但由姜黄素的理化性质可知，姜黄素在碱性条件下不稳定。Wang等人的研究结果显示，姜黄素在中性及碱性条件下很不稳定，在37℃条件下放置30min内就会有90%的姜黄素发生降解。因此，碱法提取并不是一种理想的提取方法。

（2）有机溶剂提取法。该法是提取姜黄素最常用的方法。一般用乙醇、丙酮、乙酸乙酯等作为提取剂，根据一定的料液比进行回流蒸馏或加热浸提。张丽等人用丙酮提取姜黄素，其研究结果表明，加20倍量的70%丙酮提取2次，每次提取2h，在此条件下姜黄素产率为5.17%。有机溶剂提取法的最大缺点是产生溶剂残留，无法满足食品安全的要求，同时也会对环境造成污染。

（3）酶法提取。在姜黄素提取过程中，选用适当的酶如纤维素酶、果胶酶等，对姜黄细胞壁及细胞间质中的纤维素、半纤维素、果胶等物质进行作用使其降解，引起细胞壁和细胞膜结构发生局部疏松、膨胀，甚至崩溃等变化，从而增大细胞内姜黄素提取介质扩散的传质面积，减小传质阻力，提高姜黄素的提取率。研究发现，利用复合酶对姜黄进行降解，提取率优于单一酶的作用，且比碱法提取和传统提取都高。但因姜黄素不溶于水，用酶处理后，需将提取液的 pH 调至碱性，再利用碱水提取法提取姜黄素。该方法操作相对复杂，且无法避免姜黄素在碱性条件下的降解。

（4）表面活性剂协同提取法。在植物有效成分的提取过程中，首先是用提取溶剂对原料润湿。溶剂对原料的润湿效率与溶剂、原料成分的表面张力有着密切关系。表面活性剂是两性化合物，同时含有亲水和亲油基团，加入表面活性剂能明显降低表面张力，使原料易被润湿，有利于溶剂渗入细胞内部，从而提高有效成分的提取率。通常以含有少量表面活性剂的水就可以代替高浓度的醇或其他有机溶剂进行植物有效成分的提取，大大降低提取成本，提高提取效率，而且无环保问题，具有很大发展潜力。韩刚等人研究了不同表面活性剂对姜黄素提取率的影响，发现加入 0.5%的十二烷基硫酸钠可使姜黄素的提取率提高 16%，但是该法需要考虑提取后对表面活性剂的移除。

（5）水杨酸钠法。刘新桥等利用 3mol/L 的水杨酸钠溶液提取姜黄素，并与碱法提取和活性炭吸附法进行了对比。研究结果显示，水杨酸钠法所得样品中姜黄素的含量最高（92.5%），其次为酸碱法（74.0%），最低为活性炭法（51.2%）。水杨酸钠法操作简单，对设备要求不高，水杨酸钠可重复使用，生产成本低廉，而且制备的总姜黄素质量较好。

（6）超临界流体萃取法。近年来，利用超临界流体萃取法提取有效成分已成为提取研究的热点。超临界流体萃取法的特点在于利用超临界流体兼有气、液两重性。在临界点附近，超临界流体对组织成分的溶解能力随体系的压力和温度发生变化，从而可以方便地调节不同组分的溶解度和溶剂的选择性。超临界流体萃取法具有萃取和分离的双重作用，并且其工艺流程简单、萃取效率高，无有机溶剂残留、环境污染等问题，产品质量好。在研究超临界 CO_2 萃取姜黄中的姜黄素时发现，采用一定浓度的乙醇作为夹带剂可显著提高姜黄素的得率。另外，李湘洲等人研究发现，采用超临界–微波联合提取工艺，一定程度上实现了两种有效成分提取和分离的同步进行，从而有利于后期的精制。超临界流体萃取技术虽然具有操作简便、无有机溶剂残留等优点，但其提取时间相对较长，而且设备昂贵，不利于提取技术的普遍应用。

（7）微波提取法。微波是指在 0.3～300GHz 的电磁波。微波可以迅速穿透物料，使物料中的极性分子（如水分子）间互相摩擦而产生热量。在提取过程中，微波可以同时将能量迅速传递给整个物料，使提取对象中的溶剂及物料能够同时吸收能量而升温。由于吸收了微波能，细胞内部的温度迅速上升，从而使细胞内部的压力超过细胞壁所能承受的压力，导致细胞破裂，细胞内的有效成分自由流出，加速了被萃取组分的分子由内部向固液界面扩散的速率，提高了提取效率。许多研究显示，微波提取优于传统提取工艺。在微波提取过程中，溶剂浓度、提取时间、微波功率和温度是微波提取工艺中最主要 4 个因素，其中采用的溶剂可以是单一溶剂也可以是混合溶剂。

（8）超声波提取法。超声波是一种频率大于 20kHz 的声波。不同于电磁波，超声波的传播需要介质。当超声波在介质中传播时，超声波可以引起介质的膨胀和压缩，当介质中的分子由于膨胀作用而分离时就会产生空泡。当空泡形成、长大，最终破裂时，就会产生巨大的爆炸力，瞬间在局部产生高压和高温，使固体表面受到巨大的冲击，对固体产生十分明显的侵蚀作用。超声波提取正是利用超声波具有的机械效应、空化效应和热效应、通过增加介质分子的运动速度，提高介质的穿透力来提取生物有效成分。有研究显示，利用超声提取姜黄素比传统提取工艺获得更高的得率。

微波和超声波提取法具有操作简便、提取时间短、提取效率高等优点，目前被广泛地应用在天然产物有效成分提取的研究和生产中。但是，目前有关超声波和微波提取姜黄素的报道中，丙酮、石油醚等有机溶剂仍然被使用，产品中可能出现的溶剂残留和环境污染等问题仍然存在。

1.2.2 β-乳球蛋白运载小分子活性物质的研究现状

β-乳球蛋白（β-Lg）是乳清蛋白中含量最丰富的一种蛋白质，约占牛乳总蛋白含量的10%，占乳清蛋白总量的50%。β-Lg分子结构中具有一个疏水性内腔，可以与疏水性小分子结合。利用这一特性，β-Lg可以作为疏水性小分子的载体，以提高疏水性小分子的溶解度和生物利用率。

1.2.2.1 β-Lg结构及性质

β-Lg（图1-2）由162个氨基酸组成，分子量为18.3kDa。β-Lg的一级结构中含有5个半胱氨酸残基，其中4个半胱氨酸残基组成了2个二硫键，分别在Cys66-Cys160和Cys106-Cys119之间，而Cys121残基中的巯基处于游离状态。β-Lg的三级结构中存在一个由8股前后相互连接的反平行β-折叠（链A到链H）构成的β-桶状结构，又被称为“Calyx”结构。这一结构特点使β-Lg的内部形成了一个疏水性内腔，可以与疏水性小分子结合。在β-桶状结构外侧还存在一个与链I相连的α-螺旋结构，并且α-螺旋与β-桶状结构之间也构成了一个可以与疏水性小分子结合的疏水性区域。

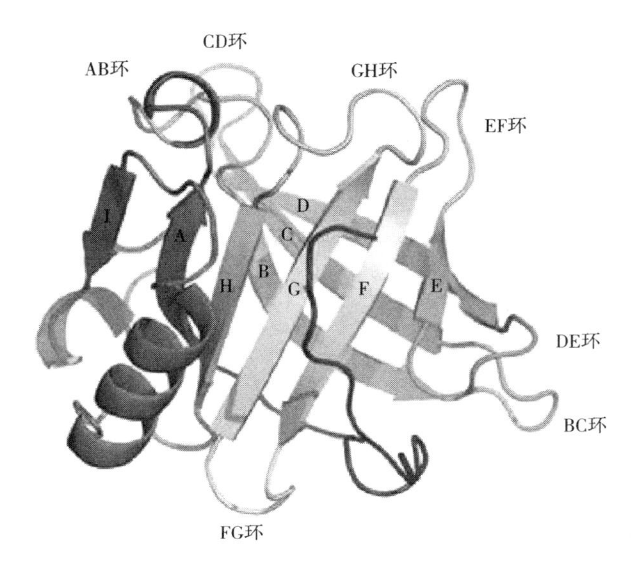

图 1-2　β-乳球蛋白分子结构

在 pH=2~7 范围内，β-Lg 分子结构不会发生改变，保持其天然状态。在牛乳中，β-Lg 以二聚体形式存在。当 pH<3.5 时或在中性条件下，当 β-Lg 浓度<20μmol/L 时，β-Lg 解离为单体；当 pH 在 4~5 范围内，β-Lg 以八聚体的形式存在；当 pH>8 时，由于分子间二硫键的形成，使 β-Lg 分子之间发生不可逆聚集。β-Lg 的等电点为 5.1~5.2，当溶液 pH 接近 β-Lg 等电点时，由于分子间静电斥力减弱，β-Lg 分子之间开始发生聚集，在 pH=4.6 时聚集速率最大。在加热条件下，β-Lg 分子由天然状态转变为伸展状态的温度范围在 65~95℃。由于分子中含有游离的巯基，β-Lg 具有一定的抗氧化活性。此外，β-Lg 能够抵抗胃蛋白酶的消化作用，可以顺利地将活性物质转运至肠道，被小肠吸收，避免了蛋白质载体在胃蛋白酶的作用下水解，失去运载作用，使疏水性生物活性物质无法处于溶解状态导致不利于小肠吸收的情况发生，而其他牛乳蛋白则不具备这样的特点。近年来，对 β-Lg 的结构及其与多种小分子生物活性物质结合的研究多有报道，这为本实验的研究提供了理论依据，有利于我们更深入地阐明

β-Lg 与姜黄素之间的反应特性，并利用 β-Lg 运载姜黄素，提高姜黄素的生物利用率。

1.2.2.2 β-Lg 运载小分子活性物质

β-Lg 运载疏水性小分子活性物质的机制是利用 β-Lg 分子中的疏水性区域与疏水性小分子结合，从而形成复合物以提高疏水性小分子的溶解度。有研究显示，疏水性小分子在 β-Lg 的结合部位有 3 处：β 桶状结构的内部（Calyx 结构内部）、β-Lg 分子表面 α-螺旋和 β-桶状结构之间的疏水区域及 β-Lg 二聚体的界面之间。同时，在 β-Lg 分子中，连接 E、F 链的 EF 环扮演着门的角色。在酸性条件下，EF 环处于关闭的位置，使疏水性小分子无法进入 Calyx 内部，只能进入 β-Lg 表面疏水性区域，而在 pH≥7 时，EF 环打开，使疏水性小分子能够进入 Calyx 内部。

在 β-Lg 与小分子反应特性的研究中，荧光光谱法和圆二色谱法是最常用的两种方法，其次是傅里叶红外光谱、核磁共振和 X 射线单晶体衍射等方法。目前，在测定蛋白质结构和确定疏水性小分子与蛋白质的结合部位时，X 射线单晶体衍射技术是最准确和最可靠的。但该测方法需要获得合格的蛋白质单晶体，而蛋白质单晶体不易获得，使该技术的应用不仅工作量大、成功率低，测定结果也不易说明蛋白质在生理状态下的结构与功能的关系。而且，在蛋白质单晶体制备的过程中很可能会引起小分子物质的降解和氧化。通常，测定蛋白质在溶液中的结构变化多用圆二色谱法。虽然它能够获得一些重要的信息，但有其局限性。首先，圆二色谱法是建立在已知三维结构的多肽和蛋白质光谱为参考的基础上的。其次，它仅在含 α-螺旋成分较多的蛋白质二级结构的测定中较为准确。此外，有研究显示，在蛋白质与小分子反应特性的研究中，蛋白质在反应前后二级结构的变化也可以通过傅里叶红外光谱法得到，其结果与圆二色谱法的结果基本一致，而且傅里叶红外光谱法还可以得到小分子与蛋白质之间的作用力类型等信息。但是，仅仅通过傅里叶红外光谱法无法得到小分子与蛋白质反应时的一些具体反应参数，如结合常数、摩尔比等，而荧光光谱法可以做到。

利用β-Lg运载小分子生物活性物质已有报道，这些小分子包括维生素D_2、维生素D_3、麦角固醇、胆固醇、7-脱氢胆固醇、视黄醛、棕榈酸、玫瑰树碱、白藜芦醇、维生素A、不饱和脂肪酸、维生素E、柚皮素、氟哌酸、嘧啶杂环化合物、胡萝卜素、脂质体、草酸钯和EGCG。但是，β-Lg运载小分子的研究多集中在β-Lg与小分子之间的反应机制方面，而β-Lg对小分子生物利用率影响的研究报道极少。

在研究小分子与β-Lg的反应过程中发现，不同结构的小分子物质与β-Lg的亲和力不同，其差别可达到5～10倍，甚至在β-Lg结合位点上某些小分子之间还存在竞争关系。而且，不同的小分子与β-Lg结合的部位、结合数量、作用力大小及类型也都存在差别。有研究显示，小分子与β-Lg结合之后，会对β-Lg的二级结构产生一定程度的影响。Wang等人的研究显示，维生素D_2和棕榈酸酯在β-Lg上的结合部位具有竞争关系，当维生素D_2的浓度较高时会取代已经结合于β-Lg上的棕榈酸酯，而视黄醛与棕榈酸酯之间没有竞争关系，视黄醛和维生素D_2与β-Lg的结合力大于棕榈酸酯与β-Lg的结合力。该研究还发现，维生素D_2和视黄醛结合于β-Lg的β桶状疏水性内腔中，棕榈酸酯结合于β-Lg的表面疏水性区域，而棕榈酸视黄酯可以与β-Lg分子中的这两个疏水性区域结合。Wang等人的另一项研究显示，β-Lg对维生素D_2的亲和力是麦角固醇的5倍，是胆固醇、7-脱氢胆固醇和维生素D_3的10倍。但是，Lang等人用计算机模拟β-Lg的分子结构，将实验数据与理论数据比较后得出，视黄醛和视黄酸是结合于β-Lg分子表面的疏水性区域中，而不是结合于β-Lg的β桶状内腔中。Dodin等人在玫瑰树碱与β-Lg反应的研究显示，玫瑰树碱是通过疏水作用力结合于β-Lg二聚体的界面之间。另外，Ragona等人的研究还显示，中性条件下脂肪酸结合于β-Lg分子内的桶状结构中，而当pH小于6时脂肪酸被释放，说明β-Lg对脂肪酸的结合与释放可以通过调pH来控制。

Divsalar等人利用荧光光谱法研究了抗癌药物BPHDC-Pd（Ⅱ）与β-Lg的反应特性。其荧光光谱结果显示，药物对β-Lg的荧光淬灭机制是静态淬灭，药物与β-Lg形成了复合物，并且药物在β-Lg上有3个结合位点。同样的方法也被Liang等人应用在了白藜芦醇与β-Lg的研究中，其荧光光谱结果证明，白藜芦醇与β-Lg形成了复合物，而且白藜芦醇与β-Lg按摩尔比1：1结合。Dodin等人利用荧光光谱法在玫瑰树碱与β-Lg反应机制的研究结果中显示，玫瑰树碱与β-Lg之间的反应机制是静态淬灭，玫瑰树碱与β-Lg反应后形成了复合物，并且玫瑰树碱在β-Lg分子上的结合位点是在β-Lg二聚体形成时的界面区域。Kanakis等人利用荧光光谱法和傅里叶红外光谱法研究了β-Lg与茶多酚之间的反应特性。傅里叶红外光谱分析结果得出，β-Lg与茶多酚形成复合物后，β-Lg中各二级结构的含量发生了变化，说明复合物的形成对β-Lg的二级结构产生了一定的影响，而且β-Lg-茶多酚复合物的形成是疏水作用力和氢键共同作用的结果。另外，利用傅里叶红外光谱法研究姜黄素与免疫球蛋白、人血清白蛋白及牛血清白蛋白时发现，当姜黄素与这些蛋白质反应形成复合物后，对这些蛋白质的二级结构都产生了一定程度的影响，说明姜黄素是通过氢键或氢键及疏水作用力与蛋白质作用形成复合物。在视黄醇与β-Lg反应的研究中，Lange等人在荧光淬灭实验结果的基础上，利用荧光共振能量转移理论得出r值和E值，从而确定视黄醇与β-Lg的结合位点是位于β-Lg分子表面的疏水区域。

此外，荧光淬灭法与荧光共振能量转移理论也被应用在了姜黄素与β-Lg反应的研究中，但这些研究结果存在矛盾。对β-Lg空间结构的研究已知，在pH<7和pH≥7的不同条件下，疏水性小分子化合物（或配体）与β-Lg结合的部位是不同的。当pH<7时，配体不能进入

β-Lg的Calyx内部，只能与β-Lg表面的疏水性区域结合；当pH≥7时，配体才有可能进入Calyx内部。同时，有研究显示，当配体与β-Lg结合在不同部位时，配体与β-Lg中的两个色氨酸的平均距离和荧光共振能量转移效率是明显不同的。然而，其他研究人员在不同的实验中，酸性条件和中性条件的结果是一致的，并不能充分证明姜黄素在中性条件下进入β-Lg的Calyx内部。因此，仅通过荧光光谱法一种方法来研究姜黄素与β-Lg的结合特性是不够的。近年来，傅里叶红外光谱法在研究蛋白质与小分子化合物的结合中经常被采用。利用傅里叶红外光谱法不仅可以帮助研究者们更加清晰地了解β-Lg与小分子化合物反应时二级结构的变化，还有助于进一步确定姜黄素与β-Lg反应后的结合部位。因此，傅里叶红外光谱法与荧光光谱法结合将有助于进一步研究姜黄素与β-Lg的反应特性。

1.2.3　牛乳清蛋白纳米乳化体系研究现状

乳清是干酪生产的副产物。乳清中的蛋白质主要是由β-乳球蛋白、α-乳白蛋白、牛血清白蛋白、免疫球蛋白和乳铁蛋白组成。食品加工中通常使用牛乳清的浓缩产品，其蛋白质含量高，具有良好的乳化性能。乳清蛋白在乳制奶油和鲜干酪这类食品中常作为乳化剂使用。利用牛乳清蛋白包埋植物油制备乳化体系运载维生素E、β-胡萝卜素和抗癌药物的研究已有报道。

1.2.3.1　牛乳清蛋白纳米乳化体系的形成

乳化液包括水包油（O/W）、油包水（W/O）、水包油包水（W/O/W）和油包水包油（O/W/O）等多种类型。利用蛋白质为乳化剂时，O/W型乳化液是最为常见的一种乳化体系，也是本文主要阐述和研究的类型（以下简称乳化液）。乳化液是由油相和水相共同组成的，其中油相以液滴的形式分散在由乳化剂和水组成的连续相中。

在均质的过程中，油脂在高剪切力的作用下形成许多细小的油滴，分散在油滴周围的蛋白质分子迅速吸附到刚刚形成的油滴表面，将油滴包围，在油滴表面形成一层蛋白质分子层。蛋白质分子是两性分子，既含有极性基团，又含有非极性基团。乳化的过程中，在疏水作用力的驱动下，蛋白质中的非极性基团进入油相，而极性基团进入水相，同时蛋白质分子多肽链的伸展并重新取向。当蛋白质分子吸附到油相时，多肽链的伸展主要取决于蛋白质分子的柔韧性，即维持其三级结构和二级结构作用力的强度。当乳清蛋白吸附在油滴表面时，蛋白质的结构处于一种中间状态，即介于天然和完全变性的状态之间。在这种状态下，乳清蛋白仍保留其类似天然的（native-like）二级结构。

在油滴表面上，每单位面积的蛋白质吸附量被称为蛋白质载量（protein load，mg/m^2）。事实上，油滴表面的蛋白质载量受蛋白质使用量、油相体积、乳化过程中能量输入、蛋白质聚集状态、体系 pH、离子强度、温度和钙离子的影响。当蛋白质载量$<1mg/m^2$时，蛋白质分子会以完全伸展的状态吸附在油滴的表面。当蛋白质载量在$1\sim3mg/m^2$时，油滴表面是由球状蛋白构成的单分子层或由伸展的链状蛋白依次排列在界面上将油滴包埋，同时具有环状和尾状等结构特性。当蛋白质载量达到$5mg/m^2$时，油滴表面则可能是由聚集的蛋白质分子所吸附或由多层蛋白质分子覆盖。

在乳化液中，分散相是以液滴的形式存在于连续相中，因此在分散相和连续相之间存在巨大的表面积，使整个乳化体系的自由能为正值。这使乳化液实际上处于一种热力学不稳定的状态，油水两相有分离的趋势，最终导致乳化体系崩溃。通常所说的乳化液稳定性是指产品在保质期内没有出现品质的下降。维持乳化液稳定性的主要作用力是分散相之间的静电斥力和空间阻力。当溶液的 pH 远离乳清蛋白等电点时，油滴表面的蛋白质分子都带有相同的电荷，使分散相之间产生了很强的静电斥力，阻止了分散相之间相互靠近。另外，分散相表面的蛋白质分子层也在分散相之间产生了空间阻力，阻止了油相的聚集。由乳清蛋白制备的乳化液的稳定性往往受到多种因素的影响，如 pH、离子强度、温度和 Ca^{2+}浓度等。当 pH 接近蛋白质等电点时，蛋白质净电荷不断接近零，分散相之间的静电斥力减弱，引起分散相聚集。在高离子强度条件下，分散相表面的电荷被中和，也会引起分散相之间的静电斥力减弱，导致分散相聚集。Ca^{2+}是多价阳离子，会使牛乳清蛋白之间通过钙桥相互交联而引起分散相聚集。在加热处理的过程中，油滴之间会通过表面蛋白质分子之间的疏水作用力和巯基–二硫键交换反应相互作用而发生聚集和交联，引起分散相的稳定性下降。

由于牛乳清蛋白制备的乳化体系，易受到环境 pH、离子强度和温度的影响而降低乳化体系的稳定性。因此，许多研究者开始探索利用牛乳清蛋白与多糖通过共价或非共价交联形成大分子复合物，然后作用于油水界面，形成稳定的纳米乳化体系。同时，也有研究报道，在牛乳清蛋白和 β–Lg 制备的乳化体系中添加少量的酪蛋白也会明显提高乳化体系的耐热性。利用牛乳清蛋白和多糖制备复合乳化体系时，蛋白质与多糖的复合方式主要有两种，一种是共价交联，另一种是非共价交联。牛乳清蛋白与多糖的共价交联是利用美拉德反应将蛋白质与多糖以共价键的方式结合形成大分子复合物，然后作用于油–水两相界面形成稳定的乳化体系。牛乳清蛋白与多糖的非共价交联是利用牛乳清蛋白在低于或高于其等电点时与带有相反电荷的多糖通过静电作用形成复合物，然后作用于两相界面形成稳定的乳化体系，或者是先利用牛乳清蛋白制备出单层乳化液，然后与多糖溶液混合、均质，分散相表面的蛋白质分子与多糖分子通过静电吸引而结合，形成双层乳化体系。在双层乳化体系中，多糖的引入会在分散相表面形成一层“发层”，一方面会增加分散相表面的电荷，从而增加分散相之间的静电斥力；另一方面又会增大分散相之间的空间阻力，同时提高溶液的黏度。这两方面的作用会帮助乳化液克服离子强度和温度对其稳定性的影响，阻止牛乳清蛋白在等电点附近时分散相发生聚集。但其在本质上只是改变了乳化液的等电点，使乳化液的等电点向 pH 更小的方向转移。

1.2.3.2 牛乳清蛋白纳米乳化体系运载生物活性物质

纳米乳化液是指分散相粒径小于 1μm 的乳化液。但是，许多研究者认为纳米乳化液应该是指粒径为 20～200nm 的乳化体系。因为，在此粒度范围内的乳化液会更有效地促进药物在消化道中的吸收。利用纳米乳化体系运载活性物质具有以下优点：①较高的运力学及热力学稳定性；②无论是疏水性物质还是亲水性物质都可以利用纳米乳化体系来运载；③由于纳米乳化体系中分散相的粒径很小，生物活性物质可以更加容易地穿过肠道细胞膜，提高了这些物质在血液中的浓度，从而提高了生物利用率。

为了得到分散相粒度更小的纳米乳化液，除了提高均质压力以外，还可以采用旋转蒸发的方法，在乳化液制备后，将有机相蒸发，以得到更小的分散相。但这种方法需要乙酸乙酯等易挥发的有机溶剂作为油相，这可能会给生产过程和产品本身带来安全性方面的问题。与传统小分子乳化剂相比，牛乳清蛋白作为乳化剂生产的纳米乳化液对热、离子强度、冻融和贮藏性等方面都具有良好的稳定性。

Lee 等人利用牛乳清分离蛋白为乳化剂，油相由 95%的乙酸乙酯和 5%的食用油组成，通过高压均质制备乳化液，然后利用旋转蒸发工艺除去乙酸乙酯得到纳米乳化液。其研究结果显示，乳清蛋白纳米乳化液在乳清蛋白等电点附近发生聚集，而在远离等电点的低 pH 和高 pH 条件下仍保持良好的稳定性，而且，乳清蛋白纳米乳化液在高离子强度（0～500mmol/L NaCl）、热处理（30～90℃）条件下及冻融性方面都表现出了良好的稳定性。但是，乳清蛋白纳米乳化液中的油脂氧化速度却高于普通的乳化液，而脂肪酶对油脂的水解速度却低于普通的乳化液。Shukat 等人利用乳清蛋白作为乳化剂制备纳米乳化液运载维生素 E，其研究结果显示，均质压力越大，乳化液的粒度越小，但是维生素E的降解量也随着乳化液粒度的减少而增加。Mao等人分别利用吐温20（TW-20）、单月桂酸十甘油酯（DML）、辛烯基琥珀酸淀粉（OSS）和乳清分离蛋白（WPI）作为乳化剂制备纳米乳化液运载胡萝卜素。通过比较发现，由TW-20和DML制备的纳米乳化液的粒度更小，但稳定性不如OSS和WPI为乳化剂制备的纳米乳化液，而且由WPI制备的纳米乳化液对胡萝卜素具有更好保护作用。当利用TW-20和WPI混合物制备纳米乳化液时，其稳定性被显著提高，但对胡萝卜素的保护作用并没有显著提升。He等人利用乳清分离蛋白（WPI）、大豆分离蛋白（SPI）和β-乳球蛋白制备纳米乳化液运载脂溶性药物，研究结果显示，蛋白纳米乳化液的稳定性优于传统乳化液，并且具有更好的生物兼容性。当蛋白乳化液在胰酶的作用下消化时，会加速药物的释放，从而有利于人体的吸收。

在利用ι-卡拉胶制备牛乳清蛋白-卡拉胶双层纳米乳化液的研究中，Dickinson利用牛血清白蛋白制备乳化液后［20%（体积分数）油相，1.5%（质量分数）蛋白浓度，pH为6.0］，考察了不同浓度ι-卡拉胶对乳化液粒度的影响。当ι-卡拉胶浓度小于0.001%（质量分数）时新配置的乳化液及添加了ι-卡拉胶的乳化液的平均粒度约为0.55μm，当ι-卡拉胶浓度超过0.005（%质量分数）时，乳化液的粒度从0.1μm急剧上升至10μm并随着因ι-卡拉胶的“桥连”作用引起的分散相聚集。当ι-卡拉胶浓度达到0.1%（质量分数）时，乳化液的粒度又开始急剧下降，但显著高于ι-卡拉胶在极低浓度下的粒度，而且分散相仍有明显的絮凝聚集。这说明ι-卡拉胶的浓度对牛乳清蛋白纳米乳化液的稳定性有着重要影响。

1.2.4 提高姜黄素生物利用率方法的研究现状

1.2.4.1 姜黄素的生物活性及生物利用率

近年来的大量研究显示，姜黄素具有抗炎、抗氧化、降血脂、抑制2型糖尿病并发症、抑制血栓和心肌梗死等作用。由于姜黄素可以抑制多种肿瘤细胞系的生长，预防化学性和放射性诱导的实验动物多种肿瘤的形成，显著减少肿瘤数目、缩小瘤体体积，因此姜黄素作为抗癌药物的潜力受到研究者的广泛关注。

有研究者对大鼠体内类姜黄素的组成变化进行了研究。研究结果显示，姜黄素吸收入血的途径为：姜黄素由肠道细胞吸收后，掺入乳糜微粒中，然后通过主动扩散由淋巴管进入血液。利用^{3}H标记姜黄素的研究发现，89%的姜黄素自粪便中排出，6%的姜黄素自尿中排出，说明姜黄素在肠道中的吸收率极低。而腹腔注射给药后，胆汁中含有11%的姜黄素，粪便中排出73%的姜黄素，且发现在心脏血液中未检测到姜黄素。口服姜黄素后的15min至24h内，在肝门静脉血中只有痕量的姜黄素，因此有研究认为姜黄素不大可能被吸收入血。但是，有研究发现，患有不同癌症的病人每天口服姜黄素，连服3个月，姜黄素在血浆中的浓度在口服1~2h后达峰值，12h内逐渐下降。英国进行的两项长期研究显示，口服姜黄素对受试的晚期结直肠癌患者没有表现出明显的毒性。在随后的研究中发现，患者的尿样中均检测到了姜黄素及其结合物。以上研究说明，姜黄素不仅存在肠道吸收率低的问题，还存在体内代谢快、血药浓度低、药物半衰期短的情况。同时，研究中也显示，口服大剂量的姜黄素并不会对患者产生明显的毒性。

1.2.4.2 提高姜黄素生物利用率的研究现状

虽然姜黄素具有多种生物学活性，但因其不溶解于水，吸收率低，而导致其生物利用率不高。因此，在保持姜黄素药理活性的同时提高姜黄素的溶解度、增加姜黄素的吸收率，是提高姜黄素生物利用率的关键因素，而通过改变剂型来提高姜黄素的生物利用率是一种重要而又方便的手段。目前，利用纳米技术运载姜黄素已成为研究的热点，研究内容多集中于脂质体、纳米微粒、纳米胶、纳米结晶悬浮液、磷脂复合物、树状聚合物、环糊精包合物和微胶束等。

（1）姜黄素共晶体。姜黄素共晶体是姜黄素与可溶性试剂通过液体辅助研磨法制备而成。共晶体的形成虽然使姜黄素的溶解度提高了5~12倍，但该溶解度仍然很低，相对于其他运载方法，对姜黄素生物利用率的提高并不显著。

（2）脂质体运载姜黄素。脂质体是利用磷脂分子的双亲性制备而成，当磷脂分子在溶液中形成磷脂双分子层或是单层微胶束时，姜黄素进入到微胶束的疏水性区域中，从而提高姜黄素的溶解度和生物利用率。在姜黄素的脂质体制备中，为了提高脂质体的包埋率、稳定性及细胞吸收率，除了磷脂分子以外，一些非离子或阳离子表面活性剂和糖类物质也被应用到脂质体的制备中，但仍然存在包埋率低、贮藏稳定性低的问题，甚至由于使用阳离子表面活性剂而增加了脂质体的毒性。

（3）姜黄素纳米粒和纳米胶。姜黄素纳米粒的主要种类有聚氰基丙烯酸正丁酯（PBCA）纳米粒、聚乙丙交酯（PLGA）纳米粒、壳聚糖纳米粒、血清白蛋白纳米粒、固体脂质纳米粒等。利用纳米微粒运载姜黄素可以提高姜黄素的运载量，保持运载过程中姜黄素的活性，同时提高运载体系的稳定性。但是，纳米微粒在溶液和干燥过程中易发生聚集，给纳米微粒的研制带来困难。而且，由高分子有机物合成的纳米粒虽然具有生物降解性，但仍然有一定的毒性。

（4）姜黄素纳米胶。姜黄素纳米胶的制备材料有聚苯乙烯、聚乙二醇（PEG）、羟丙基甲基纤维素、聚乙烯吡咯烷酮等高分子有机物和壳多糖、乳清蛋白等生物大分子。纳米胶因其特有的空间网络结构和巨大的表面积，使其具有很高的姜黄素运载量。而且，纳米胶对环境变化很敏感，可以利用该性质控制姜黄素在运载过程的释放。但是，当利用乳清蛋白制备姜黄素纳米胶时，纳米胶易被胃蛋白酶水解，导致纳米胶聚集或分层，稳定性降低，不利于姜黄素的充分吸收。

（5）姜黄素微胶束。姜黄素微胶束是由甲氧基聚乙二醇（mPEG）/聚 ε-己内酯（PCL）制备而成，使姜黄素的溶解度提高了 2~3 倍。当利用 mPEG 与玉米蛋白形成的共价物制备微胶束运载姜黄素时，可使姜黄素的溶解度提高 1000~2000 倍，光照条件下的稳定性提高 6 倍。但是，由于微胶束粒度太小很难使药物在靶点充分释放，而且微胶束的形状也因材料的分子量和种类而不同，因此不仅微胶束对姜黄素的运载量需要进一步提高，微胶束的制备过程也需进一步优化。

（6）姜黄素磷脂复合物和环状糊精复合物。研究显示，姜黄素与卵磷脂形成复合物后提高了姜黄素溶解度和生物利用率，使姜黄素的血药浓度提高了 3~4 倍。利用环状糊精的疏水性内腔运载姜黄素时，使姜黄素的溶解度提高了 190~202 倍，同时也提高了姜黄素的抗炎效果。当环状糊精经叶酸和 PEG 修饰后，使姜黄素的溶解度提高了 3200 倍，并使姜黄素在 pH=6.5 和 pH=7.2 条件下的稳定性提高了 10~45 倍。

（7）姜黄素树状聚合物。姜黄素与戊二酐在碱性条件下反应生成含有一元羧酸基团的姜黄素衍生物，然后该衍生物中的一元羧酸基团与含有胱胺核的聚酰胺-胺树形分子的表面氨基反应生成姜黄素树状聚合物。有研究显示，该化合物能够提供较高的姜黄素运载量和生物兼容性，是一种较理想的姜黄素载体。

（8）姜黄素纳米乳化体系。纳米乳化体系因具有制备工艺简单、稳定性好、药物的包埋率和运载量高，且分散相的粒度可以控制等优点而被广泛应用于生物活性物质的转运。其主要缺点是在制备过程中使用较高浓度的表面活性剂而增加了产品的毒性。

以上研究所获得的各种运载体系，虽然提高了姜黄素的溶解度和生物利用率，但仍存在着制备工艺复杂、载药率不尽理想、难以达到有效治疗浓度的问题，或是采用了化工合成的大分子聚合物作为运载材料，这些聚合物在分解代谢过程中会产生有毒物质，难以符合食品安全的要求。同时，研究内容多停留在运载体系的制备工艺上，关于运载体系的胃肠道转运机制、肠道吸收机理及生物利用率等研究报道极少。而采用牛乳清蛋白为材料制备载体运载姜黄素，并对其运载机制进行系统阐述的研究还未见报道。

1.3 本文的主要研究内容

为了提高姜黄素的生产效率和姜黄素产品的安全性，同时提高姜黄素的溶解度、稳定性和生物利用率，本研究首先采用脉冲超声、微波和高压脉冲电场技术提取姜黄素，并通过研究得出最佳的提取工艺。然后，以β-乳球蛋白为载体，通过制备β-乳球蛋白/姜黄素（β-Lg/CCM）复合物提高姜黄素的溶解度和生物利用率。同时，利用牛乳清蛋白的乳化性制备纳米乳化体系运载姜黄素，并与β-乳球蛋白/姜黄素复合物进行对比，从而获得姜黄素的最佳运载方式。以β-Lg/CCM复合物和姜黄素纳米乳化体系运载姜黄素，不仅制备工艺简单，还能显著提高姜黄素的生物利用率，同时也提高了产品的营养价值。本文的主要研究内容如下：

（1）姜黄素提取技术的研究。利用脉冲超声、微波和脉冲电场辅助提取技术，采用单因素和响应面优化法研究姜黄素提取的最佳工艺。从能耗、提取效率等方面对不同提取方法进行比较，从而得到3种提取方法中的最佳提取技术，以提高姜黄素的提取效率、产品纯度和安全性。

（2）β-Lg/CCM复合物运载姜黄素的研究。采用荧光光谱法、紫外吸收光谱法和傅里叶红外光谱法研究β-Lg与姜黄素之间的反应机制，并对 β-Lg/CCM 复合物进行结构表征。对 β-Lg/CCM 复合物的 pH 和热稳定性进行了研究，并通过 ABTS 自由基清除法、羟基自由基清除法和 FRAP 3 种抗氧化能力检测方法考察姜黄素及其 β-Lg/CCM 复合物抗氧化活性，以分析姜黄素与蛋白质结合前后抗氧化活性的变化。

（3）姜黄素纳米乳化体系的研究。以牛乳清分离蛋白为乳化剂，中链甘油三酯为油相制备姜黄素/乳清蛋白纳米乳化液。通过考察乳清蛋白浓度、均质压力、均质次数、油水比以确定制备姜黄素/乳清蛋白纳米乳化体系的最佳工艺参数。对纳米乳化体系在高温、不同 pH 条件下、不同离子强度及贮藏条件下的稳定性进行研究，同时也考查了 ι-卡拉胶加入后对纳米乳化体系物理特性及稳定性的影响。

（4）β-Lg/CCM 复合物及姜黄素纳米乳化体系胃肠吸收机制的研究。体外模拟胃肠道环境，考察 β-Lg/CCM 复合物和纳米乳化液在胃肠道环境下的消化性。通过建立 Caco-2 细胞模型模拟人体肠道细胞考察 β-Lg/CCM 复合物和姜黄素/乳清蛋白纳米乳化液对姜黄素吸收率的影响。采用天然的牛乳 β-Lg 免疫 BALB/c 小鼠制备的抗 β-Lg 单克隆抗体，利用酶联免疫法检测 β-Lg/CCM 复合物和姜黄素/乳清蛋白纳米乳化液免疫反应，以探讨 β-Lg/CCM 复合物和姜黄素乳清蛋白纳米乳化液的致敏性。

第 2 章　实验材料与方法

2.1　实验材料与仪器设备

2.1.1　主要试剂

实验所用的主要试剂见表 2-1。

表 2-1　主要试剂

试剂	纯度	生产厂家
牛 β-乳球蛋白标准品	>90%	Sigma 公司
牛乳清分离蛋白	>92%	美国 Hilmar 公司
姜黄	中药	哈尔滨新龙大药房
姜黄素标准品	色谱纯	北京奥科生物技术有限公司
姜黄素	分析纯	国药化学试剂有限公司
中链甘油三酯	食品级	Kuala Lumpur Kepong Pei 公司
Caco-2 细胞		中国科学院细胞库
ι-卡拉胶	食品级	美国 FMC 公司
胃蛋白酶	800~2500U/mg	Amresco
胰蛋白酶	1∶250	Amresco
胰脂肪酶	30~90U/mg	上海伊卡生物技术有限公司
碱性磷酸酶试剂盒	分析纯	碧云天生物技术研究所
总抗氧化能力检测试剂盒（ABTS 法）	分析纯	碧云天生物技术研究所
2-脱氧核糖	分析纯	Sigma 公司
胎牛血清	特级	NQBB International Biological 公司

续表

试剂	纯度	生产厂家
非必需氨基酸	100×	碧云天生物技术研究所
青链霉素	100×	碧云天生物技术研究所
DEME	高糖	Thermo Fisher Scientific 公司
丙烯酰胺	分析纯	天津乐泰化工有限公司
过硫酸铵	色谱纯	美国 TEMIA 公司

2.1.2 主要仪器设备

实验所用的主要仪器设备见表 2-2。

表 2-2 主要仪器设备

名称	型号	生产厂家
傅里叶中红外光谱仪	spectrum one B	PerkinElmer 公司，美国
紫外-可见分光光度计	754 PC	上海光谱仪器有限公司，中国
超纯水仪	Milli-Q	Millipore 公司，美国
酶标仪	BioTek EON	基因有限公司，中国
冻干机	ALPHA1-2	Christ 公司，德国
电热恒温 CO_2 培养箱	HF 90	力康科科技医疗控股有限公司，中国
超声仪	Sonics VCX 500	Sonics 公司，美国
电泳仪	DYY-8C	北京六一仪器厂，中国
高效液相色谱仪	LC	Waters 公司，美国
激光粒度分析仪	ZetaSizer 3000HS	Malvern 公司，英国
冷冻离心机	2K15	Sigma 公司，德国
微波提取仪	Star System 2	CEM 公司，美国
凝胶成像仪	UVP GDS-8000	天能，中国
透射电子显微镜	H-7650	日立公司，日本
脉冲电场提取系统	自制	McGill University，加拿大
高压均质机	NS1001L	Niro Soavi 公司，意大利

续表

名称	型号	生产厂家
高速剪切乳化仪	JRJ300-D-I	上海光谱仪器厂，中国
电位分析仪	Zetasizer Nano Z	Malver 公司，中国
黏度计	LVDVE230	Brookfield 公司，美国
荧光分光光度计	FP5600	日立公司，日本

2.2　测定方法

2.2.1　HPLC 法测定姜黄素

姜黄素 HPLC 测定参考 Pei-Yin Zhan 等人的方法。色谱柱：Agilent TC-C18（250mm×4.6mm，5μm）；流动相：乙腈-5%冰醋酸（50∶50，*V/V*）；流速：1mL/min；柱温：25℃；检测波长：425nm；进样量：10μL。

分别制备 1mg/mL 的姜黄素、去甲氧基姜黄素和双去甲氧基姜黄素乙醇储备液。取一定量上述制备的 3 种标准品储备液等体积混合后，制备成不同浓度梯度的待测液。各标品在待测液中的浓度为：1μg/mL、2.5μg/mL、5μg/mL、10μg/mL、50μg/mL 和 100μg/mL。以标准品溶液浓度（*X*）为横坐标，峰面积（*Y*）为纵坐标，进行线性回归。所得回归方程分别为：$y=46011x-103161$（$R^2=0.998$）、$y=40603x-73217$（$R^2=0.9973$）和 $y=40970x-79758$（$R^2=0.9973$）。经标准曲线计算后，可得出 3 种姜黄素类化合物的总量。按式（2-1）计算姜黄素类化合物得率。在姜黄素提取研究中，以姜黄素类化合物得率作为指标确定提取工艺参数。

$$\text{得率（\%）}=\frac{\text{姜黄素类化合物总量（g）}}{\text{姜黄干粉质量（100g）}} \tag{2-1}$$

2.2.2 β-Lg/CCM 复合物的热特性测定

利用差示扫描量热仪（DSC）测定样品热稳定性。首先将β-Lg和β-Lg/CCM复合物干品溶于pH 7.0的0.05mol/L磷酸盐缓冲溶液中，同时保证两样品中的蛋白质浓度相同。取10μL样品于坩埚中，用压盖机压盖后，于25~100℃范围内进行DSC扫描，升温速度为10℃/min。

2.2.3 抗氧化能力的测定

2.2.3.1 总抗氧化能力检测（ABTS法）

采用总抗氧化能力检测试剂盒（ABTS法）进行样品的总抗氧化能力检测。ABTS与氧化剂混合，放置16h后用磷酸盐缓冲溶液（PB）稀释成ABTS工作液，要求ABTS工作液的吸光度减去相应的PB空白对照后，稀释至吸光度 A_{734} 为0.7±0.05。然后，把10mmol/L Trolox标准溶液稀释成0.15mmol/L、0.3mmol/L、0.6mmol/L、0.9mmol/L、1.2mmol/L和1.5mmol/L。96孔板的每个检测孔中加入200μL ABTS工作液。空白对照孔中加入10μL PB溶液；标准曲线检测孔内加入10μL各种浓度的Trolox标准溶液；样品检测孔内加入10μL各种样品，轻轻混匀。室温孵育2~6min后测定吸光度。测定样品为54μmol/L的姜黄素分别与0、27μmol/L、54μmol/L和81μmol/L的β-Lg反应后的样品。

2.2.3.2 羟基自由基清除法

羟基自由基清除法参考Siriwardhana等人的方法，并做适当改进。取20μL样品与120μL的0.05mol/L磷酸盐缓冲溶液混合后，再与20μL 10mmol/L $FeSO_4 \cdot 7H_2O$、20μL 10mmol/L EDTA和20μL 10mmol/L 2-脱氧核糖充分混合后，加入20μL 10mmol/L H_2O_2，置于37℃恒温培养箱中4h。然后加入100μL的2.8% TCA和100μL的1% TBA，充分混合后，在沸水浴中加热10min。待样品冷却至室温后，于532nm处测吸光度。测定样品同上。

2.2.3.3　总还原能力的检测（FRAP 法）

FRAP 法参考 Gulcin 等人的方法，并做适当改进。首先用 0.05mol/L 的磷酸盐缓冲溶液配置样品，与 100μL 1%赤血盐［$K_3Fe(CN)_6$］混合后，50℃培养 20min。然后加入 10%的三氯乙酸 100μL，充分混合后，再加入 100μL 蒸馏水和 20μL 0.1%的 $FeCl_3$，充分混合后，在 700nm 处测吸光度。测定样品同上。

2.2.4　姜黄素的溶解度测定

为了避免植物油自身的颜色对吸光度测定结果产生影响，实验中通过测定未溶解的姜黄素的含量间接测定姜黄素在中链甘油三酯及不同植物油中的溶解度。取 10mg 姜黄素干粉分散于 10mL 油脂中，60℃条件下搅拌过夜后，冷却至室温。3000r/min 条件下离心 10min，倒出上清液。向样品离心管中加入一定量水，离心 5min，油相在上层，用吸管吸去液体（包括油和水）。加入一定量水，相同条件下离心，倒出上清液。向离心管中加入 10mL 无水乙醇，振荡溶解，从而获得未溶解的姜黄素样品。取 100μL 未溶解姜黄素样品，用无水乙醇稀释至 10mL，混均，在 429nm 处测吸光度，由公式（2-2）计算姜黄素的溶解度。

$$\text{溶解度 (g/L)} = 1-\frac{A_{429}}{\varepsilon d}\times 368.39\times 100 \tag{2-2}$$

式中：A_{429}——吸光度值；

ε——姜黄素在 429nm 处的摩尔消光系数，取值 55000mol/(L·cm)；

d——比色皿宽度（1cm）。

2.2.5　粒度的测定

利用动态光散射激光粒度分析仪测定乳化体系中的分散粒度。吸取适量样品缓慢滴入样品池中，待仪器提示样品的极化强度差示散射（PIDS）值符合要求时，进行粒度测定。样品粒度分别用 d［4、3］和 d［3、2］表示。d［4、3］为体积加权的算数平均直径（以体积%表示的算数平均大小），d［3、2］为表面加权的算数平均直径（以表面积%表示的算数平均大小）。同时，根据测定结果计算出跨度值［公式（2-3）］，用以评价粒度分布。跨度值越小，粒度分布越集中。

$$\text{跨度}=\frac{d_{90}-d_{10}}{d_{50}} \tag{2-3}$$

式中：d_{10}——表示小于此粒径的颗粒数量占总量的10%；

d_{90}——表示小于此粒径的颗粒数量占总量的90%；

d_{50}——中值粒径，表示小于此粒径的颗粒数量占总量的50%，大于此粒径的颗粒数量也占总量的50%。

2.2.6 ζ电位和黏度的测定

用蒸馏水将样品稀释一定倍数后，加入样品池中，利用ζ电位分析仪自动调节样品pH，同时进行样品ζ电位测定。

纳米乳化液制备后，取一定量样品，利用旋转黏度计进行样品黏度的测定。测定时，根据样品黏度选取合适的转子，通过调节转速使扭矩保持在20%~90%，在此范围内测定的黏度值为正确值。读数时，每2s读取一次数据，共记录60个数据，取平均值作为黏度测定结果。

2.2.7 浊度的测定

取一定量乳化液样品，稀释500倍后，在500nm处测定乳化液的吸光度。乳化液的浊度由公式（2-4）中的 T 来表示。

$$T = 2.303 \cdot \frac{A \cdot V}{l} \tag{2-4}$$

式中：T——乳化液浊度；

A——乳化液吸光度；

V——测定时乳化液样品的稀释倍数；

l——比色皿宽度（1cm）。

2.2.8　乳化液离心稳定常数的测定

取一定量乳化液样品，稀释 500 倍后，3000r/min 离心 10min。因为油的密度比水轻，离心后乳化液中的油相会出现在上层。测定时，取下层溶液，在 500nm 处测吸光度，利用公式（2-5）计算出离心稳定常数 K_e 值，以表示乳化液的物理稳定性。

$$K_e = \frac{A_0 - A}{A_0} \times 100\% \tag{2-5}$$

式中：A_0，A——分别代表离心前和离心后乳化液的吸光度。

K_e 值越小，说明乳化液越稳定。当乳化液的 K_e 值在 20%以内，可以认为乳化液具有良好的离心稳定性。

2.2.9　乳化液分散相表面蛋白浓度的测定

该测定方法参考 Hunt 等人的研究报道。取一定量纳米乳化液样品在 15000×g 下，20℃离心 1h。将上层液小心缓慢移出，再次分散于缓冲溶液中，按上述方法重复操作一次。然后，将分离出的上层液，按照凯氏定氮法（GB/T 5009. 5—2003）测定蛋白质含量，再根据纳米乳化液粒度计算分散相表面蛋白载量（mg/m^2）。

2.3　实验方法

2.3.1　姜黄素提取方法

2.3.1.1　溶剂提取法

姜黄磨粉后过 80 目筛。称取 0. 3g 姜黄粉末置于 60mL 丙酮或乙醇中回流提取 5h。提取液用 0.2μm 滤膜过滤后，采用 HPLC 法测定姜黄素类化合物总量，以姜黄素类化合物得率为评价指标。

2.3.1.2 脉冲超声辅助提取法

姜黄磨粉后过 80 目筛。称取 0.1g 姜黄粉末置于不同体积和浓度的乙醇溶液中。在不同的超声振幅、提取时间、脉冲持续和间隔时间及料液比的条件下进行超声提取。提取液在 3000r/min 条件下离心 5min。取上清液用 0.2μm 滤膜过滤后，采用 HPLC 法测定姜黄素类化合物总量，以姜黄素类化合物得率为评价指标。

2.3.1.3 脉冲超声辅助提取优化设计

在不同的超声振幅、提取时间、脉冲持续和间隔时间及料液比的条件下进行单因素实验，得出各因素对姜黄素类化合物得率的影响。在单因素实验的基础上选取乙醇浓度、脉冲时间和超声振幅 3 个因素，根据中心复合实验设计原理，设计三因素的响应面实验，采用 HPLC 法测定姜黄素类化合物总量，以姜黄素类化合物得率为评价指标。每个因素在不同水平下的编码值和真实值见表 2-3。响应面实验共进行 20 次，每次重复 3 次，结果用平均值表示。

表 2-3 脉冲超声辅助提取响应面分析因素与水平编码

因素	编码变量	编码水平				
		$-r$（−1.68）	−1	0	1	r（1.68）
乙醇浓度/%	X_1	75	79	85	91	95
超声振幅/%	X_2	50	54	60	66	70
脉冲时间/s	X_3	1	2	3	4	5

2.3.1.4 微波辅助提取法

姜黄磨粉后过 80 目筛。称取 0.3g 姜黄粉末置于 60mL 不同浓度的乙醇溶液中。在不同功率和提取时间的条件下进行微波处理。微波处理后提取液在 3000r/min 条件下离心 5min。取上清液用 0.2μm 滤膜过滤后，采用 HPLC 法测定姜黄素类化合物总量，以姜黄素类化合物得率为评价指标。

2.3.1.5　微波辅助提取优化设计

选取乙醇浓度、微波功率和提取时间 3 个因素，根据中心复合实验设计原理，设计三因素的响应面实验，采用 HPLC 法测定姜黄素类化合物总量，以姜黄素类化合物得率为评价指标。每个因素在不同水平下的编码值和真实值见表 2-4。响应面实验共进行 20 次，每次重复 3 次，结果用平均值表示。

表 2-4　微波辅助提取响应面分析因素与水平编码

因素	编码变量	编码水平				
		$-r$（-1.68）	-1	0	1	r（1.68）
乙醇浓度/%	X_1	55	63	75	87	95
微波功率/%	X_2	5	7	10	13	15
提取时间/min	X_3	2	4	6	8	10

2.3.1.6　高压脉冲电场辅助提取法

取 0.1g 姜黄干粉置于脉冲电场样品室中，加入 1.4mL 乙醇溶液，在 0~3kV/cm、电脉冲 200 次的条件下处理后，将样品置于 18.6mL 乙醇溶液中，于室温避光搅拌 24h，然后，提取液在 3000r/min 条件下离心 5min。取上清液用 0.2μm 滤膜过滤后，采用 HPLC 法测定姜黄素总量，以姜黄素类化合物得率为评价指标。同时做对照实验，取 0.1g 姜黄干粉置 20mL 乙醇溶液中，室温避光搅拌 24h 后处理过程同上。脉冲电场电路组成如图 2-1 所示。

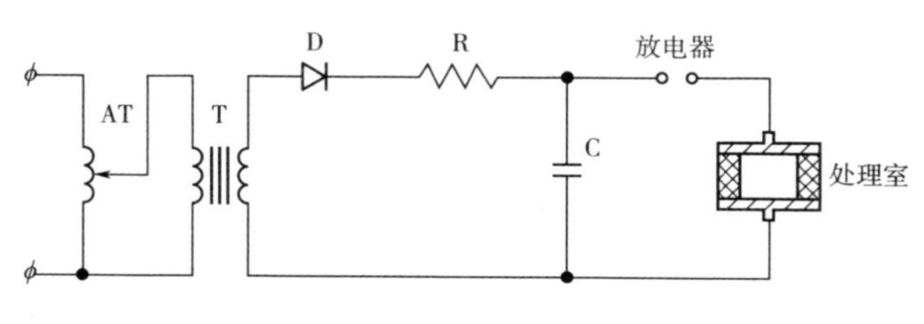

图 2-1　脉冲电场电路图

2.3.2 β-Lg/CCM 复合物的形成

2.3.2.1 β-Lg 的荧光光谱分析

称取一定量姜黄素，溶于无水乙醇中，配制成 2mmol/L 的姜黄素乙醇溶液。将 β-Lg 溶于 pH=6.0 或 pH=7.0 的磷酸盐缓冲溶液中，搅拌 1h，使蛋白质充分水合。在搅拌的条件下将姜黄素缓慢滴入 β-Lg 溶液中，旋涡振荡 30s 后，继续搅拌 1h。为了不影响蛋白质的结构，溶液中的乙醇含量不超过 5%。样品溶液中 β-Lg 的最终浓度为 6μmol/L，姜黄素的最终浓度分别为 0、6μmol/L、12μmol/L、24μmol/L、36μmol/L、48μmol/L、60μmol/L 和 90μmol/L。反应后，立即在 300～450nm 波长范围内测定 β-Lg 的荧光强度，激发波长为 295nm。根据荧光光谱测结果分析 β-Lg 与姜黄素之间的反应机制、结合位点数及姜黄素与 β-Lg 分子中色氨酸残基之间的距离。

2.3.2.2 β-Lg/CCM 复合物的紫外光谱分析

按摩尔比 1∶1 配制 β-Lg/CCM 复合物。分别制备与复合物具有相同摩尔浓度的姜黄素和 β-Lg 样品。在 240～310nm 处对样品进行吸收光谱的测定。通过紫外光谱分析可以进一步验证荧光猝灭的机理。

2.3.3 β-Lg/CCM 复合物的结构表征

2.3.3.1 姜黄素与 β-Lg 反应的作用力类型

分别在 pH=6.0 和 pH=7.0 条件下，将 β-Lg 和姜黄素按 1∶1 摩尔比混合，旋涡振荡 30s 后，样品密封、避光搅拌 1h，然后将样品冷冻干燥，制得复合物干品。在红外光谱测定之前，先将复合物样品置于硅胶干燥器中进一步干燥后再进行傅里叶红外光谱测定。

2.3.3.2 姜黄素与 β-Lg 之间的结合常数

称取一定量姜黄素，溶于无水乙醇中，配制成 2mmol/L 的姜黄素乙醇溶液。将 β-Lg 溶于 pH=6.0 或 pH=7.0 的磷酸盐缓冲溶液中，搅拌1h，使蛋白质充分水合，在搅拌的条件下将姜黄素缓慢滴入β-Lg溶液中，旋涡振荡30s后，继续搅拌1h。为了不影响蛋白质的结构，溶液中的乙醇含量不超过5%。样品溶液中姜黄素的最终浓度为2μmol/L，β-Lg的最终浓度分别为0、4μmol/L、12μmol/L、20μmol/L和30μmol/L。反应后，立即在440~650nm波长范围内测定姜黄素的荧光强度，激发波长为425nm。

2.3.3.3 姜黄素对β-Lg二级结构的影响

测定β-Lg与姜黄素反应前后酰胺Ⅰ带（1700~1600cm^{-1}）的光谱变化，考察在不同pH条件下，当姜黄素与β-Lg反应后是否对β-Lg分子的结构产生影响。在样品的红外光谱测定之后，利用Origin 8.5软件，通过二阶导数、去卷积和曲线拟合等红外光谱处理方法计算β-Lg与姜黄素结合前后二级结构成分含量的变化，样品制备同上。

2.3.4 β-Lg/CCM复合物的性质研究

2.3.4.1 β-Lg/CCM复合物热特性的研究

在上述实验中，为了研究β-Lg/CCM复合物的结构表征，需要按照不同的摩尔比配制β-Lg与姜黄素的反应溶液。因此，β-Lg/CCM复合物是在搅拌的条件下将姜黄素的乙醇溶液缓慢滴入β-Lg的磷酸盐缓冲溶液中，再经反应后形成。同时，为了避免乙醇对蛋白质结构的影响，反应液中乙醇的最终浓度不高于5%。由于这种制备方式无法得到较高浓度的β-Lg/CCM复合物样品，因此为了得到高浓度的β-Lg/CCM复合物产品，实验中参考Tapal等人的方法制备β-Lg/CCM复合物，并做适当改进。

用pH=7.0的0.05mol/L磷酸盐缓冲溶液配制1g/100mL的β-Lg溶液，将过量的姜黄素干粉加入该β-Lg溶液中，超声5s使姜黄素均匀分散在溶液中，然后在室温条件下搅拌过夜。之后，样品在10000r/min条件下离心10min，除去未结合的姜黄素。取离心后的上清液冷冻干燥，得 β-Lg/CCM 复合物干粉。然后，将复合物干粉溶解在 pH = 7.0 的 0.05mol/L 磷酸盐缓冲溶液中，配制成蛋白浓度在 10g/100mL 的样品，进行 DSC 测定。同时配制相同蛋白浓度的β-Lg 溶液，按 2.2.2 中的方法对样品进行 DSC 测定，通过样品变性温度的变化来考察样品的热稳定性。

2.3.4.2 β-Lg/CCM 复合物不同 pH 条件下稳定性的研究

将 β-Lg/CCM 复合物干粉溶解在蒸馏水中，配成相同浓度的 8 份样品。然后将样品 pH 值分别调至 2、3、4、5、6、7、8 后，4℃避光保存。每隔 3h 取一定量样品用无水乙醇提取复合物中的姜黄素，在 425nm 处测吸光度。姜黄素的含量通过姜黄素在无水乙醇溶液中的标准曲线计算得出，标准曲线方程为：$y = 5.9986x + 0.6543$，$R^2 = 0.9993$，以姜黄素保留量为指标考察不同 pH 值条件下复合物的稳定性。

2.3.4.3 β-Lg/CCM 复合物抗氧化能力研究

按 2.2.3 中的方法测定姜黄素及 β-Lg/CCM 复合物的抗氧化能力，用于分析姜黄素与蛋白质结合前后抗氧化能力的变化，进一步得出 β-Lg/CCM 复合物的抗氧化能力及复合物形成后对姜黄素抗氧化能力的影响。

2.3.5 姜黄素纳米乳化体系的制备

实验中，分别固定蛋白质浓度、均质压力和油水比中的两个因素，以考察第 3 个因素在使用范围内对纳米乳化体系粒度、浊度、黏度和离心稳定性的影响，从而获得姜黄素纳米乳化体系的最佳制备工艺。

根据研究中获得的最佳工艺参数制备姜黄素-牛乳清蛋白（CCM/WP）纳米乳化液。称取一定量的乳清分离蛋白干粉，溶于 pH = 7.0 的 0.05mol/L 的磷酸盐缓冲溶液配成 5g/100mL 的蛋白溶液，搅拌 4h 使蛋白充分水化，然后与中链甘油三酯（MCT）混合，高剪切乳化机

7000r/min 条件下 10min 制备粗乳液，之后在 60MPa 压力下均质，循环 3 次，制备 CCM/WP 纳米乳化液，所得样品粒径约为 200nm。CCM/WP 纳米乳化液中油相体积占 20%，乳清蛋白连续相溶液体积占 80%。

用去离子水配制不同浓度的 ι-卡拉胶溶液（0～0.60g/100mL）。按体积比 1∶1 将 CCM/WP 纳米乳化液与 ι-卡拉胶溶液混合，60MPa 均质 3 次。ι-卡拉胶的最终浓度是 0、0.05g/100mL、0.1g/100mL、0.15g/100mL、0.2g/100mL、0.25g/100mL 和 0.3g/100mL。蛋白质最终浓度为 2g/100mL，油相体积占 10%。考察 ι-卡拉胶对纳米乳化体系粒度、浊度、黏度和离心稳定性的影响。

2.3.6　姜黄素纳米乳化体系稳定性研究

2.3.6.1　纳米乳化体系在高温条件下的稳定性

根据最佳工艺制备出 CCM/WP 纳米乳化液后，将纳米乳化液置于 100℃下，加热 10min，通过测定样品的粒度变化来考察纳米乳化体系热稳定性及 ι-卡拉胶浓度对纳米乳化体系稳定性的影响。

2.3.6.2　纳米乳化体系在不同 pH 条件下的稳定性

根据最佳工艺制备出 CCM/WP 纳米乳化液后，测定纳米乳化液在不同 pH 条件下的 ζ 电位，以考察纳米乳化液的 pH 稳定性。同时，也测定了 CCM/WP 纳米乳化液中加入 ι-卡拉胶后 ζ 电位的变化，以考察 ι-卡拉胶浓度对纳米乳化体系 pH 稳定性的影响。

2.3.6.3　纳米乳化体系在不同离子强度条件下的稳定性

根据最佳工艺制备出 CCM/WP 纳米乳化液后，将乳化液置于不同的离子强度条件下，考察 CCM/WP 纳米乳化体系稳定性及 ι-卡拉胶浓度对纳米乳化体系稳定性的影响。实验中用不同浓度的 NaCl 代表不同的离子强度，以离心稳定常数为指标考察样品的稳定性。

2.3.6.4　纳米乳化体系贮藏稳定性

将所得乳化液置于 4℃条件下保存 45 天，通过粒度测定考察 CCM/WP

纳米乳化液的贮藏稳定性及ι-卡拉胶浓度时对纳米乳化体系贮藏稳定性的影响。

2.3.6.5 CCM/WP 纳米乳化体系对姜黄素稳定性的影响

姜黄素在光照射条件下不稳定。CCM/WP 纳米乳化样品制备后，在日光照射条件下贮存，通过测定样品中姜黄素含量的变化来考察 CCM/WP 纳米乳化体系对姜黄素稳定性的影响。

2.3.7 β-Lg/CCM 及 CCM/WP 纳米乳化液在体外胃肠道中的消化性

2.3.7.1 样品制备

将β-Lg/CCM 复合物干粉溶于水中，CCM/WP 纳米乳化样品用水稀释，配制成蛋白质含量为5g/L 的样品用于胃肠道消化实验。消化实验参考《转基因生物及其产品食用安全检测模拟胃肠液外源蛋白质消化稳定性实验方法》（农业部 869 号公告-2-2007）与美国药典。

2.3.7.2 模拟胃液消化实验

（1）模拟胃消化液。称取 0.2g 氯化钠和 0.32g 胃蛋白酶，加入 70mL 重蒸馏水，加入 730μL 盐酸，再用盐酸调 pH 至 1.2，加水定容至 100mL。现用现配。

（2）反应时间为 0 的模拟胃液消化实验。在 1.5mL 离心管中加入 100μL 模拟胃消化液，37℃恒温水浴 5min。加入 100μL 样品溶液，同时加入 70μL 0.2mol/L 碳酸氢钠溶液，旋涡振荡后冰浴，加入 70μL 蛋白样品上样缓冲液，沸水浴 5min，取出后冷却至室温备用。当样品与消化液混合后，pH 重新调整至 1.2。

（3）反应时间为 0、0.25min、2min、5min、30min、60min 和 90min 的模拟胃液消化实验。在 10mL 离心管中加入 1mL 模拟胃消化液，37℃恒温水浴 5min。加入 1mL 样品溶液，迅速旋涡振荡并快速置于 37℃水浴，准确记录时间，在每个反应时间点，迅速吸取反应液 200μL，加入 1.5mL 离心管中（含有 70μL 0.2mol/L 碳酸氢钠溶液）

冰浴，加入 70μL 蛋白样品上样缓冲液，沸水浴 5min，取出后冷却至室温备用。

（4）胃蛋白酶对照样品。在 1.5mL 离心管中加入 100μL 模拟胃消化液，再加入 100μL 重蒸馏水和 70μL 0.2mol/L 碳酸氢钠溶液，旋涡振荡后，加入 70μL 蛋白样品上样缓冲液，沸水浴 5min，取出后冷却至室温备用。

2.3.7.3　模拟肠液消化实验

（1）模拟肠消化液。称取 0.7g 磷酸二氢钾溶于 25mL 重蒸馏水中，振荡使之完全溶解，加入 19mL 0.2mol/L 氢氧化钠溶液和 40mL 重蒸馏水，加入 0.1g 胰酶，用 0.2mol/L 氢氧化钠溶液调 pH 至 6.8±0.1，加重蒸馏水定容至 100mL。现用现配。

（2）反应时间为 0 的模拟肠液消化实验。在 1.5mL 离心管中加入 100μL 模拟肠消化液，37℃恒温水浴 5min。加入 100μL 样品蛋白溶液或对照蛋白溶液，漩涡振荡后，立即加入 50μL 蛋白样品上样缓冲液，沸水浴 5min，取出后冷却至室温备用。

（3）反应时间为 0、0.25min、2min、5min、30min、60min 和 90min 的模拟肠液消化实验。在 10mL 离心管中加入 1mL 模拟肠消化液，37℃恒温水浴 5min。加入 1mL 样品蛋白溶液或对照蛋白溶液，迅速旋涡振荡并快速置于 37℃水浴中，准确记录时间，在每个反应时间点，迅速吸取反应液 200μL，加入 1.5mL 离心管中，立即加入 50μL 蛋白样品上样缓冲液，沸水浴 5min，取出后冷却至室温备用。

（4）胰蛋白酶对照样品。在 1.5mL 离心管中加入 100μL 模拟肠消化液，再加入 100μL 重蒸馏水，旋涡振荡后，立即加入 50μL 蛋白样品上样缓冲液，沸水浴 5min，取出后冷却至室温备用。

以上制备的所有样品进行 SDS-聚丙烯酰胺凝胶电泳，考察样品在胃肠道中的稳定性。

2.3.8 β-Lg/CCM及CCM/WP纳米乳化液细胞吸收实验

2.3.8.1 Caco-2细胞模型的建立

（1）Caco-2细胞的培养。应用DMEM培养液（高糖）：包括10%胎牛血清、1%非必需氨基酸、1%谷氨酰胺和100U/mL青霉素、100g/mL链霉素。细胞培养在75cm^{2}卡氏培养瓶，置于37℃培养箱中，通入5%CO_2（相对湿度95%）。每2天换液1次。当细胞长满时，弃去培养液，用PBS洗涤2次，加胰酶消化液1mL，于37℃培养5min，加H-DMEM液体培养基终止反应并传代。

（2）Caco-2细胞单层的验证。将细胞按10000个/cm^{2}接种到transwell小室Apical侧，接种后2天换液1次，1周后每日换液，培养至21天。通过检测Apical（AP）侧和Basolateral（BL）侧的碱性磷酸酶活性验证细胞极性特征。

（3）细胞耐受量性实验。将Caco-2细胞悬液接种于96孔板中，接种密度为每孔1×10^4个细胞，培养24h，加100μL的20μg/mL、60μg/mL、100μg/mL、200μg/mL、300μg/mL、400μg/mL姜黄素以及100μL不含FBS的H-DMEM培养基，空白孔不加Caco-2细胞，对照孔不加姜黄素，其他操作均与样品孔相同。每组设6个复孔，继续培养24h后，每孔加5.0g/L的MTT 20μL，继续培养4h，弃去上清液，每孔剩余物中加DMSO 150μL，用微量振荡器振荡至蓝色结晶完全溶解，在酶标仪上选择490nm波长处测定吸光度（*OD*）。确定姜黄素在Caco-2细胞中的最大无毒浓度（TC_0）。存活率=$(OD_{样品}-OD_{空白})/(OD_{阴性}-OD_{空白})\times100\%$。当$OD_{样品}-OD_{空白}=OD_{对照}-OD_{空白}$时，此浓度下的存活率为100%。

2.3.8.2 Caco-2细胞吸收实验

（1）样品制备。制备6种姜黄素转运实验样品进行细胞转运实验：姜黄素分散液、β-Lg/CCM复合物、姜黄素纳米乳化液、β-Lg/CCM复合物胰酶消化液、姜黄素纳米乳化样品胰酶消化液和姜黄素纳米乳化样品胰蛋白酶水解液。

姜黄素分散液：首先配制 1200μg/mL 的姜黄素乙醇溶液，使用时用 pH=6.5 的 PBS 稀释至 100μg/mL。

β-Lg/CCM 复合物：称取一定量的复合物冻干粉，溶于 pH=6.5 的 PBS 中，姜黄素含量为 100μg/mL。

姜黄素纳米乳化液：将配制好的姜黄素纳米乳化样品用 pH=6.5 的 PBS 稀释至姜黄素含量为 100μg/mL。

β-Lg/CCM 复合物胰酶消化液：取消化时间为 30min 的 β-Lg/CCM 复合物胰酶消化液，用 pH=6.5 的 PBS 稀释至姜黄素含量为 100μg/mL。所使用的胰酶中包含了胰蛋白酶和胰脂肪酶，用于考察复合物经消化后对姜黄素在肠道中吸收的影响，消化过程同 2.3.7.3。

姜黄素纳米乳化样品胰酶消化液：取消化时间为 30min 的姜黄素纳米乳化样品胰酶消化液，用 pH=6.5 的 PBS 稀释至 60μg/mL。所使用的胰酶中包含了胰蛋白酶和胰脂肪酶，用以考察复合物经消化后对姜黄素在肠道中吸收的影响。消化过程同 2.3.7.3。

姜黄素纳米乳化样品胰蛋白酶水解液：取消化时间为 30min 的姜黄素纳米乳化样品胰蛋白酶水解液，用 pH=6.5 的 PBS 稀释至 100μg/mL。消化过程同 2.3.7.3。

（2）实验操作。将含有 Caco-2 的 Transwell 培养小室用 PBS 清洗 3 遍。加入 PBS 后在细胞培养箱中培养 60min。然后移去 PBS 溶液，在肠腔侧（AP 侧）加入 0.5mL 样品溶液，在基底侧（BL 侧）加入 1.5mL pH=7.4 的 PBS 溶液。每组样品 4 个复孔。在转速为 100r/min 的 37℃ 恒温空气摇床上孵育，分别在 15min、30min、45min 和 60min 于 BL 侧采集 0.5mL 接收液，测定姜黄素含量，同时补加 0.5mL PBS。采用公式（2-6）计算姜黄素经 Caco-2 细胞单层的表观渗透系数 P_{app}（cm/s）。P_{app} 值越高越高说明姜黄素的吸收率越高。

$$P_{app} = (dQ/dt)/(C_0 \cdot A) \tag{2-6}$$

式中：dQ/dt——单位时间药物转运量，μg/s；

A——转运膜的面积，1.12cm²；

C_0——姜黄素的初始浓度，100μg/mL。

2.3.9 β-Lg/CCM 及 CCM/WP 纳米乳化液免疫反应检测

本研究采用牛β-乳球蛋白（β-LG）（过敏原 Bosd5）ELISA 试剂盒检测样品的致敏性，试剂中的抗体为天然的牛乳β-Lg 免疫 BALB/c 小鼠制备的抗β-Lg 单克隆抗体。操作如下：从室温平衡 20min 后的铝箔袋中取出所需板条，剩余板条用自封袋密封放回 4℃。设置阴性、阳性对照孔和样本孔，阴性和阳性对照孔中分别加入阴性对照、阳性对照各 50μL。待测样本孔先加待测样本 10μL，再加样本稀释液 40μL。随后阴、阳性对照孔和样本孔中每孔加入辣根过氧化物酶（HRP）标记的检测抗原 100μL，用封板膜封住反应孔，37℃水浴锅或恒温箱温育 60min。弃去液体，吸水纸上拍干，每孔加满洗涤液，静置 1min，甩去洗涤液，吸水纸上拍干，重复洗板 5 次（也可用洗板机洗板）。每孔加入底物 A、B 各 50μL，37℃避光孵育 15min。每孔加入终止液 50μL，15min 内在 450nm 波长处测定各孔的 *OD* 值。根据 *OD* 值的大小判断样品致敏性的强弱，*OD* 值越大致敏性越强。

实验中β-Lg 样品与β-Lg/CCM 样品中的蛋白质含量相同，WPI 与 CCM/WP 纳米乳化液中的蛋白质含量相同。通过测定结果比较β-Lg 样品与β-Lg/CCM 样品之间的致敏性差异及 WPI 与 CCM/WP 纳米乳化液之间的致敏性差异。

2.4 数据处理

实验中各样品至少做 3 次平行，测定结果至少重复 3 次，最后结果以均值±标准方差（mean±SD）表示。数据图采用 Origin Pro 软件（Versin 8.5 SR1，Origin Lab 公司）制作。不同条件下得到的结果比较采用 SPSS（Vesion 12.0，SPSS 公司）中的 ANOVA 进行多重比较的显著性分析，两两均数比较采用单一方差，采用最小显著极差法（LSD），以 $P<0.05$ 具有统计学意义。

第3章　姜黄素提取技术的研究

3.1　引言

姜黄素（CCM）是姜黄中含有的一种天然色素，姜黄素的提物中包括姜黄素、去甲氧基姜黄素和双去甲氧基姜黄素，这3种物质统称为姜黄素类化合物。姜黄素类化合物具有抗炎、抗氧化等多种生物活性，其中姜黄素的生物学功能最为突出。

姜黄素的提取方法有碱水提取法、有机溶剂提取法、酶提取法、表面活性剂协同提取法、微波提取法、超声提取法和超临界流体萃取法。溶剂提取的提取率高、生产成本低，在工业生产中普遍使用，但是丙酮、石油醚等有机溶剂在提取物中的残留问题，以及提取溶剂的回收和环境污染问题引起人们更多的关注。近年来，无溶剂的超临界流体萃取技术，以及微波、超声、高压脉冲电场等非传统提取技术逐步取代了传统溶剂提取技术在生物活性成分提取中的应用。非传统提取技术是为了满足降低能耗，利用可持续开发资源，采用绿色溶剂，提高产品安全性和质量而开发和设计的提取工艺。其中，超声和微波辅助提取法具有操作简便、提取时间短、提取效率高等优点，目前被广泛地应用在天然产物有效成分提取的研究和生产中。关于超声辅助提取和微波提取姜黄素的研究虽然已有报道，但研究中所采用的超声提取都属于连续超声，利用脉冲超声和高压脉冲电场提取姜黄素尚未见文献报道。高压脉冲电场辅助提取是近年来出现的一种新技术，其基于高压电场放电瞬间使被处理的植物组织细胞的细胞壁和细胞膜电位混乱，改变其通透性，甚至可击穿细胞壁和细胞膜，使其发生不可逆破坏，从而促使细胞内容物的释放，提高提取效率。

本章研究了脉冲超声、微波和高压脉冲电场辅助提取技术对姜黄素提取的影响。通过单因素实验、响应面实验得到脉冲超声和微波辅助提取的最佳工艺参数，并在能耗、提取效率等方面对脉冲超声和微波辅助提取技术进行比较，确定姜黄素类化合物的最佳提取方法和技术。

3.2 脉冲超声辅助提取姜黄素类化合物

超声波提取的原理是利用超声波在介质中传播时，引起介质的膨胀和压缩。当介质中的分子由于膨胀作用而分离时就会产生空泡，当空泡形成、长大，最终破裂时，就会产生巨大的爆炸力，在局部瞬间产生高压和高温，使固体表面受到巨大的冲击。利用超声波具有的机械效应、空化效应和热效应，来增大介质分子的运动速度、介质的穿透力以提取生物有效成分。近年来，利用连续超声提取姜黄素的研究已有报道，但利用脉冲超声提取姜黄素的研究还未见报道。有研究显示，脉冲超声提取可以在消耗更少能量的前提下获得与连续超声相同的提取效果。本实验以乙醇为溶剂，利用脉冲超声提取姜黄素，并通过单因素实验和响应面优化实验得到脉冲超声提取的最佳工艺参数。

3.2.1 超声提取时间的影响

超声提取时间的长短主要取决于超声提取的效率，而超声提取效率又取决于超声功率、料液比、溶剂浓度等因素。这些因素对提取过程的传质效率有着重要的影响，而相对于这些因素，超声提取时间对得率的影响并不是主要因素。因此，本实验首先研究了超声提取时间对姜黄素类化合物得率的影响。实验中固定超声振幅为 20%，脉冲持续/间隔时间为 5s/5s，料液比 1 : 50，用无水乙醇在不同时间下进行提取，考察提取时间对姜黄素类化合物得率的影响，实验结果如图 3-1 所示。

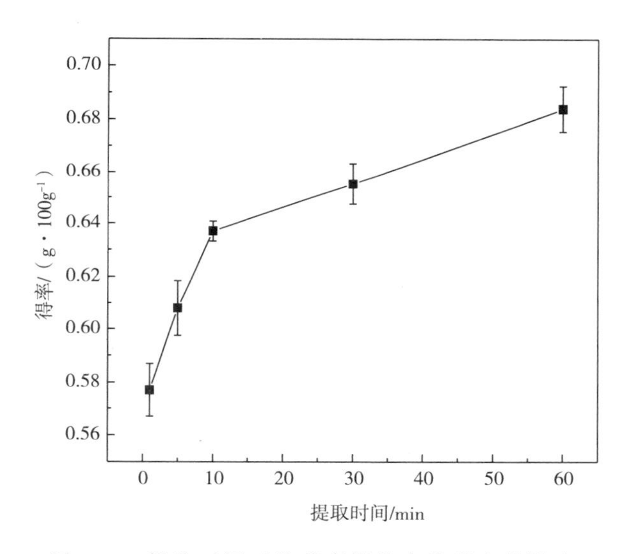

图 3-1　提取时间对姜黄素类化合物得率的影响

由图 3-1 可见，姜黄素类化合物的得率随着超声提取时间的增加而提高。因为在提取过程中，溶质不断从组织内部向溶剂中扩散，超声提取时间的延长有助于溶质向溶剂中充分传质，所以姜黄素类化合物的得率随着提取时间的增加而上升。当超声提取时间在 0 ~ 10min 时，曲线的斜率明显大于 10 ~ 60min 时的曲线斜率。说明在 0 ~ 10min 时间范围内，姜黄素类化合物得率增加的速度高于 10 ~ 60min 时间范围内的提取速率。这是因为物料经粉碎后，粒度变小，表面积增加，物料表面含有大量的姜黄素类化合物。因此，在提取过程初期，物料表面的姜黄素类化合物（以下简称溶质）很容易地进入溶剂中，从而使提取初期具有较高的提取速率。但是，当物料表面的溶质全部进入到溶剂中之后，物料内部的溶质才开始逐渐向外扩散，经物料表面进入溶剂中。同时，随着溶剂中的溶质浓度的不断提高也给传质带来了一定的阻力，导致溶质的提取速率相对提取初期较慢。虽然提取时间越长，姜黄素类化合物的得率越高，但是，当超声提取时间为60min时，会导致乙醇的大量挥发。因此，考虑到溶剂挥发和提取效率的关系，选择10min作为随后实验中的超声提取时间。

3.2.2 超声振幅的影响

超声振幅的大小决定了超声设备向提取溶剂中输入的能量大小。超声振幅越大，仪器消耗的能量越大。因此，在保证提取效率最佳的前提下，降低能量输出，是控制生产成本的一个重要因素。实验中，首先固定提取时间为10min，脉冲持续/间隔时间为5s/5s，料液比1∶50，用无水乙醇为溶剂，考察不同超声振幅对姜黄素类化合物得率的影响，实验结果如图3-2所示。

由图3-2可见，当超声振幅在20%~60%范围内时，姜黄素类化合物的得率随着振幅的提高而上升，但当振幅达到70%后，姜黄素类化合物的得率开始随着振幅的提高而下降。当超声波在介质中传播时，超声波可以引起介质的膨胀和压缩。当介质中的分子由于膨胀作用而分离时就会产生空泡。当空泡形成、长大，最终破裂时，就会产生巨大的爆炸力，瞬间在局部产生高压和高温，使固体表面受到巨大的冲击，对固体产生十分明显的侵蚀作用。同时，由于超声产生的机械效应、空化效应和热效应，会增加介质分子的运动速度、提高介质的穿透力，从而促进生物有效成分的提取。当振幅在20%~60%范围内时，姜黄素类化合物的得率的增加是因为超声振幅越高，超声功率越大，会有更多的能量被传递到提取液中，加强了超声的空穴和机械作用，同时也增加了液相与固相的接触面积，促进了溶剂向固体颗粒内部的渗透。当超声振幅达到 70%后，提取液出现了剧烈的湍流，减弱了超声的空穴作用，导致姜黄素类化合物得率的下降。因此，后续的实验选择 60%的超声振幅作为提取参数。

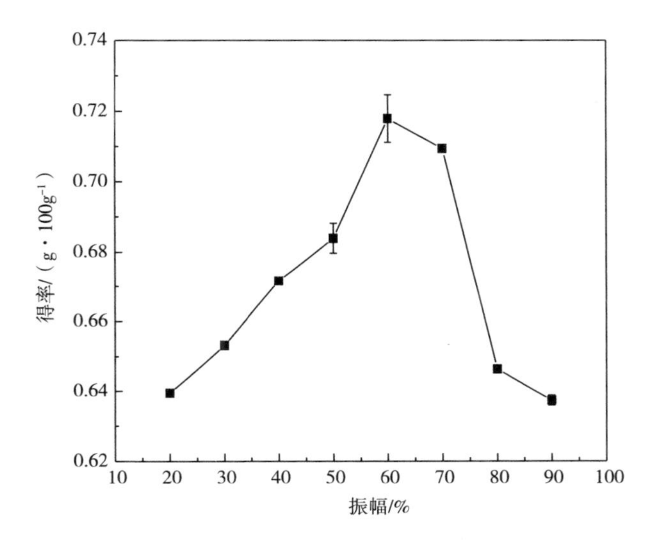

图 3-2　超声振幅对姜黄素类化合物得率的影响

3.2.3　料液比的影响

在提取过程中，料液比对传质效率有重要的影响，因此实验中通过固定提取时间为 10min，超声振幅为 60%，脉冲持续/间隔时间为 5s/5s，用无水乙醇在不同料液比条件下进行提取，考察料液比对姜黄素类化合物得率的影响，结果如表 3-1 所示。

表 3-1　料液比对姜黄素类合物得率的影响

料液比	得率/%
1：50	0.67±0.01
1：200	0.82±0.01
1：500	0.83±0.02

由表 3-1 可知，姜黄素类化合物得率随着液料比的上升而增加。这主要是因为提高液料比会降低姜黄素类化合物在溶剂中的浓度，从而减少传质阻力，有助于组织内部的姜黄素类化合物向溶剂中转移，促进提取过程的传质效率，从而提高姜黄素类化合物的得率。但是，通过比较料液比（1∶200 和 1∶500），姜黄素类化合物的得率没有显著提高（$P>0.05$），因为姜黄素类化合物在姜黄中的总量是一定的。随着姜黄素类化合物从组织内部不断向溶剂转移，组织内部残留的姜黄素类化合物的总量不断减少，因此过高的料液比不会显著提高姜黄素类化合物的得率。考虑提取效率和提取操作后的乙醇回收过程，选择料液为 1∶200。另外，虽然此料液比较高，但在随后的实验中证明，用此料液比提取姜黄素类化合物只需一次提取就可达到 92% 的提取效率。当料液比为 1∶50 时，却需要 3 次提取才可达到相同的提取得率。与其他有机溶剂比较，乙醇更加安全，且容易回收反复利用，因此认为 1∶200 的料液比是可行的，并在随后的实验中将料液比固定在 1∶200。

3.2.4　脉冲时间的影响

脉冲持续和间隔时间决定了脉冲超声提取的频率，对提取过程的传质有着重要影响。实验中固定提取时间为 10min，超声振幅为 60%，料液比 1∶200，以无水乙醇为溶剂，考察不同脉冲持续和间隔时间对姜黄素类化合物得率的影响，实验结果如图 3-3 所示。

由图 3-3 可见，各样品超声持续的总时间为 10min，当脉冲持续时间分别为 1s、3s、5s 时，姜黄素类化合物的得率随着间隔时间的增加而降低。当固定脉冲间隔时间时，姜黄素类化合物的得率随着脉冲持续时间的增加不断接近连续超声的提取结果。不同的脉冲持续时间和间隔时间会产生不同的脉冲次数，并影响总的提取时间，因此，为了进一步考察脉冲持续时间和脉冲间隔时间对姜黄素类合物得率的影响，将不同脉冲持续时间

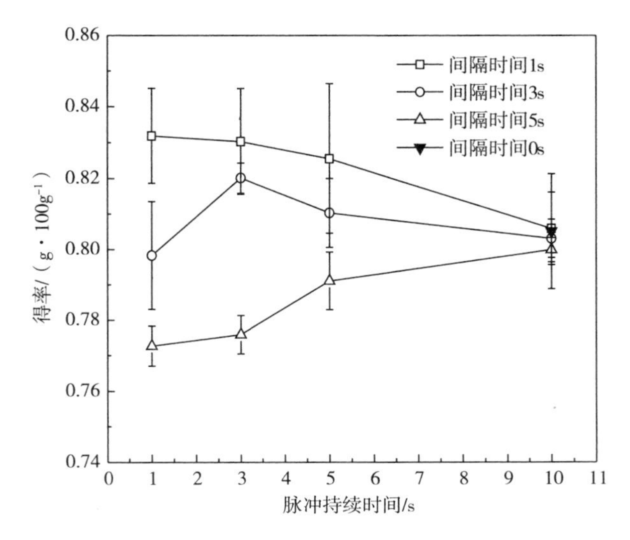

图 3-3 脉冲持续时间和间隔时间对姜黄素类化合物得率的影响

和间隔时间条件下的脉冲次数、提取时间及脉冲频率归纳于表 3-2 中。

表 3-2 脉冲持续时间和间隔时间与脉冲频率的关系

指标	脉冲持续时间/间隔时间（s/s）											
	1/1	1/3	1/5	3/1	3/3	3/5	5/1	5/3	5/5	10/1	10/3	10/5
超声持续总时间/min	10	10	10	10	10	10	10	10	10	10	10	10
脉冲次数/次	600	600	600	200	200	200	120	120	120	60	60	60
提取时间/min（s）	20	40	60	13（20）	20	26（40）	12	16	20	11	13	15
脉冲频率*/（次/min）	30	15	10	15	10	8	10	8	6	5	4.5	4

注：＊脉冲频率=脉冲次数/提取时间。

表 3-2 中显示了脉冲持续时间和间隔时间、脉冲频率的关系。这里的脉冲频率代表每分钟超声脉冲的次数。结合图 3-3 和表 3-2 中的结果，考察脉冲频率与姜黄素类化合物得率之间的关系，从而进一步明确脉冲持续时间和间隔时间对姜黄素类化合物得率的影响。

从表 3-2 中可以看出，在脉冲持续时间不变的条件下，总的提取时间随着间隔时间的增加而增加，而脉冲频率随着间隔时间的增加而降低。当脉冲持续时间分别在 1s、3s、5s 时，脉冲频率随着间隔时间的增加（1~5s）分别从 30 降至 10，从 15 降至 8，从 10 降至 6。结合图 3-3 中的结果可知，姜黄素类化合物得率也随着脉冲频率的降低而降低。当脉冲持续时间为 10s 时，脉冲频率只有很小的下降（从 5 降至 4），姜黄素类化合物得率也没有显著的变化。另外，当脉冲频率一样时，减少脉冲间隔时间会增加脉冲次数，提高姜黄素类化合物的得率。因此，在脉冲超声辅助提取姜黄素类化合物时，减少脉冲间隔时间或提高脉冲频率会增加脉冲次数，从而提高姜黄素类化合物的得率。而且，随着脉冲持续时间的增加，姜黄素类化合物的得率会逐渐接近连续超声的结果。

总之，通过降低脉冲超声的持续时间和间隔时间会提高脉冲频率，增加单位时间内的脉冲次数，从而有利于提高姜黄素类化合物的得率。因为在超声提取过程中，超声波在溶液中传播时，空化作用产生的高温、高压和冲击波对物料产生了侵蚀作用，降低了物料的粒度，增加了物料的表面积，促进了溶剂与物料的充分接触，提高了传质效率，同时也打破了溶液中溶剂与溶剂之间，溶剂与溶质之间的作用力。传质效率的提高促进了姜黄素类化合物从物料内部向溶剂中的转移，而溶剂与溶质之间作用力的下降可能会影响姜黄素类化合物在溶剂中的溶解。当超声作用停止后，溶液中分子之间的作用力恢复，有助于姜黄素类化合物的充分溶解。因此，利用脉冲超声提取姜黄素类化合物时，超声过程有利于提高传质效率，而间歇过程则有利于姜黄素类化合物向溶剂中的转移和充分溶解。

增加超声持续时间或间隔时间，会降低脉冲频率，减少单位时间内的脉冲次数，从而减弱脉冲超声的优势，使姜黄素类化合物的得率接近连续超声提取的结果。考虑到提取时间和提取效率，3/1（脉冲持续/间隔时间）被应用在接下来的实验中，而且在此条件下，脉冲超声的提取效果要优于连续超声的提取效果。

Pan 等人利用脉冲超声提取石榴皮中抗氧化物质的研究中得出，脉冲超声提取过程中的间隔时间会促进传质的充分进行，从而有助于提取。而且，虽然脉冲超声辅助提取与连续超声辅助提取的得率是相同的，却可以极大地降低超声提取的能耗。该研究与本实验在研究结果上的不同可能是由于提取原料和提取成分不同所致。

3.2.5　乙醇浓度的影响

姜黄素类化合物分子中含有羟基、羰基和甲氧基，而且姜黄素类化合物溶于甲醇、乙醇、冰醋酸和乙酸乙酯，不溶于水和乙醚。根据相似相溶的原理及姜黄素类化合物的分子结构和溶解性可知，姜黄素类化合物具有一定的极性，是一种弱极性化合物。因此，在提取过程中，不同的乙醇浓度可能会影响姜黄素类化合物的得率。实验中，采用不同浓度的乙醇作为溶剂进行姜黄素类化合物的脉冲超声提取。提取条件为：提取时间为 10min，超声振幅为 60%，料液比为 1 ∶ 200，脉冲持续/间隔时间为 3/1，实验结果如图 3-4 所示。

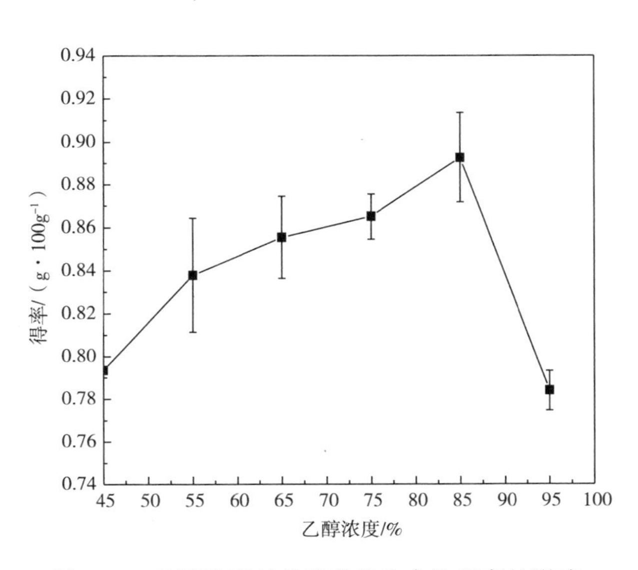

图 3-4　乙醇浓度对姜黄素类化合物得率的影响

图 3-4 显示了不同浓度的乙醇对姜黄素类化合物得率的影响。当乙醇浓度在 45%~85%时，姜黄素类化合物的得率随着乙醇浓度的上升而增加。但是，当乙醇浓度在 95%时，姜黄素类化合物的得率反而显著下降。当乙醇浓度在 45%~85%时，姜黄素类化合物的得率上升，可能是因为不同浓度的乙醇溶液极性不同。根据相似相溶的原理，当乙醇浓度为 85%时，姜黄素类化合物在此提取条件下的溶解度最高，从而得率最高。Tabaraki 等人在连续超声辅助提取石榴皮中的抗氧化物质的研究中得出，当乙醇浓度在 30%~75%时，抗氧化物的得率随乙醇浓度的下降而降低。该研究认为，这可能是因为随着乙醇溶液中水分含量的增加，溶剂的极性也不断上升，导致抗氧化物的得率下降。当乙醇浓度达到 95%时，姜黄素类化合物得率的下降可能是因为其他脂溶性成分进入了溶剂中，降低了姜黄素类化合物的传质效率，引起姜黄素类化合物得率的下降。因此，实验选择 85%的乙醇浓度提取姜黄素。

3.2.6 浸泡时间的影响

有研究显示，在提取操作之前对物料浸泡将有助于提高得率。因为物料通过浸泡被浸润后，有助于溶剂向物料内部的渗透，从而提高提取效果。首先用 85%的乙醇溶液对物料浸泡不同时间；然后在提取时间为 10min，超声振幅为 60%，料液比为 1∶200，脉冲持续/间隔时间为 3/1，乙醇浓度 85%的条件下进行提取，考察提取前的浸泡操作对姜黄素类化合物得率的影响，实验结果如图 3-5 所示。

由图 3-5 可见，当浸泡时间在 0~30min 时，浸泡对姜黄素类化合物的得率没有显著的影响。当浸泡时间进一步增加时，姜黄素类化合物的得率反而下降。这一结果说明脉冲超声提取前的浸泡操作对提取没有影响，甚至会降低得率。Wakte 等人在利用连续超声提取姜黄素时得到了不同的结论。他们的结果显示，提取姜黄素之前，用

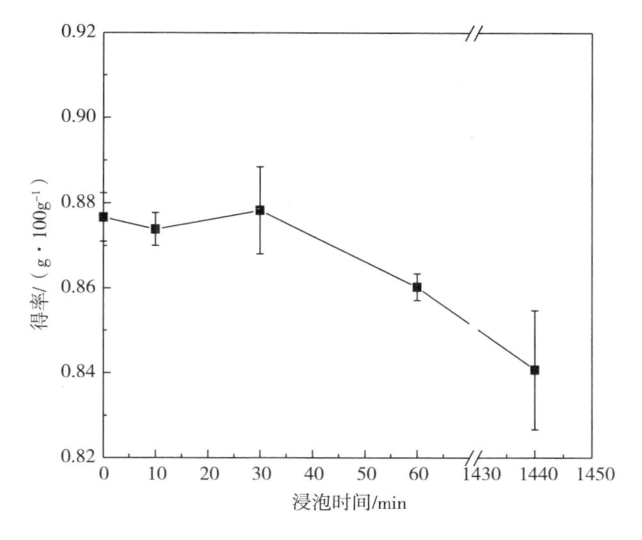

图 3-5 浸泡时间对姜黄素类化合物得率的影响

水浸泡可以提高姜黄素的得率。本研究也做了相关实验，但实验结果并没有显示用水浸泡可以提高姜黄素的得率。在本实验中，当物料分别被浸泡 60min 和 24h 后，姜黄素类化合物得率的下降。这可能是由于浸泡时间太长，姜黄素类化合物氧化降解，导致姜黄素类化合物的得率下降。

基于以上单因素实验结果，姜黄素类化合物提取的最佳工艺为：超声振幅为 60%，脉冲持续/间隔时间为 3/1，乙醇浓度为 85%，超声时间为 10min，料液比为 1∶200，得率为 0.95%。

3.2.7 脉冲超声辅助提取姜黄素类化合物的优化设计

虽然通过单因素实验确定了各因素对提取操作的影响，但各因素之间是否存在交叉影响以及单因素实验结果是否能够代表姜黄素类化合物提取操作的最佳工艺参数还需要进一步的考察和优化。响应面优化设计常常被用来进行工艺参数的优化和考察各因素之间是否存在交叉影响。

在单因素实验的基础上，选取乙醇浓度（X_1,%），超声振幅（X_2,%）和超声脉冲持续时间（X_3，s）3个因素，通过中心复合实验设计对姜黄素类化合物的脉冲超声提取工艺进行优化，以期得到脉冲超声提取姜黄素类化合物的最佳提取工艺，同时考察各主要因素之间是否存在交叉影响。响应面优化实验中的各组实验参数和实验结果如表3-3所示。

表3-3　脉冲超声辅助提取中心复合实验设计及结果

序号	X_1	X_2	X_3	得率/($g \cdot 100g^{-1}$)
1	-1（79）	-1（54）	-1（2）	0.89
2	-1（79）	-1（54）	1（4）	0.87
3	-1（79）	1（66）	-1（2）	0.90
4	-1（79）	1（66）	1（4）	0.89
5	1（91）	-1（54）	-1（2）	0.84
6	1（91）	-1（54）	1（4）	0.83
7	1（91）	1（66）	-1（2）	0.85
8	1（91）	1（66）	1（4）	0.84
9	-1.68（75）	0（60）	0（3）	0.87
10	1.68（95）	0（60）	0（3）	0.78
11	0（85）	-1.68（50）	0（3）	0.93
12	0（85）	1.68（70）	0（3）	0.89
13	0（85）	0（60）	-1.68（1）	0.95
14	0（85）	0（60）	1.68（5）	0.90
15	0（85）	0（60）	0（3）	0.94
16	0（85）	0（60）	0（3）	0.95
17	0（85）	0（60）	0（3）	0.93
18	0（85）	0（60）	0（3）	0.96
19	0（85）	0（60）	0（3）	0.97
20	0（85）	0（60）	0（3）	0.94

由表 3-3 可知，在不同提取条件下姜黄素类化合物的得率是 0.78%～0.96%。ANOVA 被用来分析各因素对提取结果影响的显著性及各因素与姜黄素类化合物得率之间的关系，并经回归拟合后，得到回归方程：

$$Y_{PUAE}(g/100g) = -7.74769+0.208957\times X_1-0.001254\times X_1^2-2.975\times10^{-6}\times X_2^2-0.001893\times X_3^2$$

脉冲超声辅助提取响应面分析结果如表 3-4 所示。

表 3-4　脉冲超声辅助提取响应面分析结果

来源	DF	SS	MS	F	P
X_1	1	0.008532	0.008532	23.46176	0.000678 **
X_2	1	0.000022	0.000022	0.06006	0.811357
X_3	1	0.001317	0.001317	3.620118	0.086243
$X_1\times X_1$	1	0.032723	0.032723	89.9789	0.0001 **
$X_1\times X_2$	1	0.000013	0.000013	0.034371	0.856626
$X_1\times X_3$	1	0.000013	0.000013	0.034371	0.856626
$X_2\times X_2$	1	0.004464	0.004464	12.27402	0.005694 **
$X_2\times X_3$	1	0.000013	0.000013	0.034371	0.856626
$X_3\times X_3$	1	0.002179	0.002179	5.991376	0.034391 *
方程	9	0.045643	0.005071	13.945	0.00015
（一次项）	3	0.009871	0.00329	9.047363	0.003372 **
（二次项）	3	0.035735	0.011912	32.75327	0.0001 **
（交叉影响）	3	0.000038	0.000013	0.034371	0.990922
误差	10	0.003637	0.000364		
（失拟）	5	0.002553	0.000511	2.357015	0.184209
（纯误差）	5	0.001083	0.000217		
总离差	19	0.04928			
R^2	0.92				
R^2_{adj}	0.86				

由表 3-4 可知，方程（model）$P=0.00015<0.05$，所以该方程是极显著的。失拟检验中（lack of fit）$P=0.184209>0.05$ 且 $R^2=92\%$，说明该回归方程拟合很好，可以较好地描述各因素与响应值之间的真实关系。回归方程的各项方差分析结果表明，一次项和二次项都有显著性因素，因此各实验因子对响应值的影响不是简单的线性关系，而且因素之间没有交叉影响。脉冲超声辅助提取响应面实验中各因素之间的关系如图 3-6 所示。

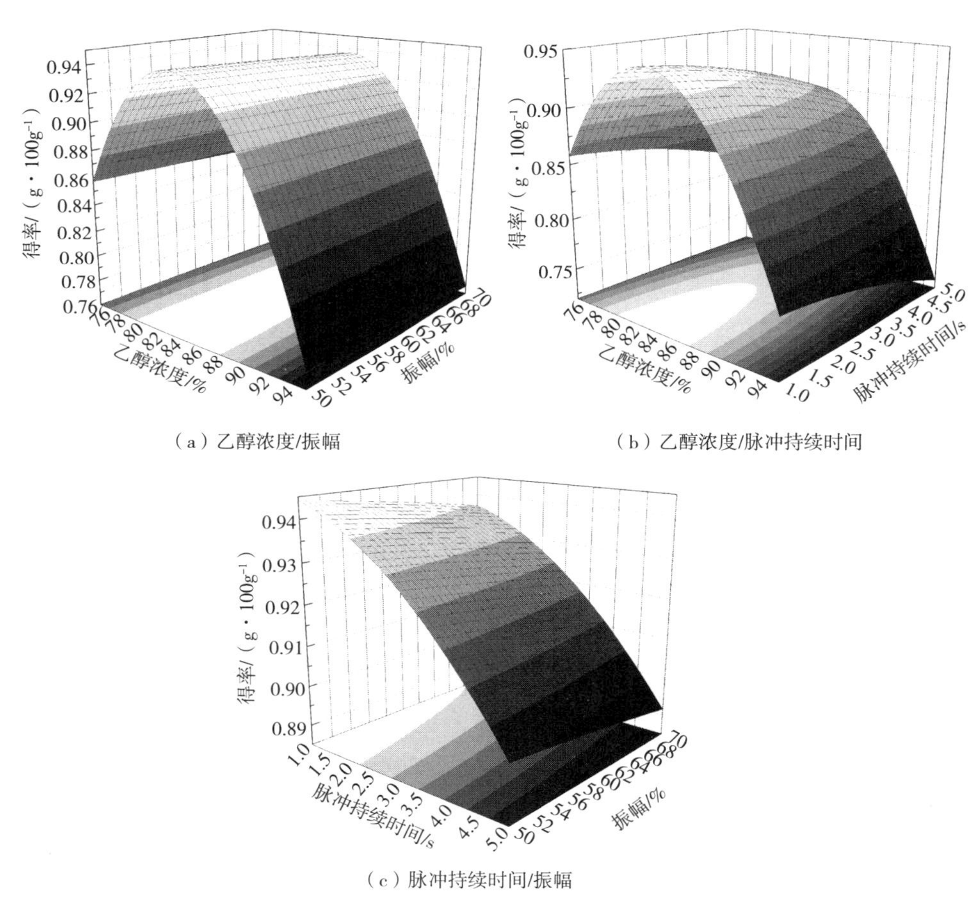

（a）乙醇浓度/振幅

（b）乙醇浓度/脉冲持续时间

（c）脉冲持续时间/振幅

图 3-6　脉冲超声辅助提取响应面实验结果

从图 3-6（a）可知，随着乙醇浓度的增加，姜黄素类化合物的得率也不断上升，当乙醇浓度达到84%时，姜黄素类化合物的得率开始下降。而在不同乙醇浓度条件下，超声振幅对姜黄素类化合物的得率没有显著影响，曲面平缓。但是，在单因素实验中，当超声振幅在60%时，姜黄素类化合物的得率出现最大值。这主要是因为乙醇浓度比超声振幅对姜黄素类化合物得率的影响更加显著，使姜黄素类化合物的得率在数值上变化得更加明显。由表3-4可见，X_1（乙醇浓度）具有很低的P值（0.000687<0.01），而X_2（振幅）的P值却很高0.811357（>0.05）。

从图3-6（b）可知，相对于乙醇浓度，脉冲持续时间对姜黄素类化合物得率的影响也不显著（$P=0.086243>0.05$）。但仍可看出，随着脉冲时间的增加，姜黄素类化合物的得率有下降的趋势。这与脉冲时间对姜黄素类化合物得率影响的单因素实验结果相一致。在单因素实验中，当脉冲间隔时间为1s时，随着脉冲时间由1s增加至5s，姜黄素类化合物的得率在数值上虽然变化不显著，但仍有下降的趋势。当脉冲时间进一步增加时，姜黄素类化合物的得率不断趋近于连续超声的结果。

虽然超声振幅和脉冲持续时间对姜黄素类化合物得率的影响都不显著，但从图3-6（c）中可以看出，与超声振幅相比，脉冲持续时间对姜黄素类化合物得率的影响更大一些。因此，3个因素中，乙醇浓度的影响最为显著，其次是脉冲超声时间，超声振幅对姜黄素类化合物得率的影响最小。

由回归方程可以得出最佳参数为：乙醇浓度，振幅和脉冲持续时间分别是83.39%、59.75%和2.59s；姜黄素类化合物的得率为0.95%。这一结果与单因素实验结果基本相同。

基于响应面实验结果得出脉冲超声辅助提取姜黄素类化合物的最佳工艺为：超声振幅为60%，乙醇浓度为83%，料液比为1∶200，脉冲时间为3/1（s/s），超声提取时间为10min。

3.2.8 优化结果的验证

按照最佳工艺参数，对样品进行 3 次提取至提取液近乎无色，所得结果如表 3-5 所示。

表 3-5 脉冲超声辅助提取法的优化结果

项目	脉冲超声辅助提取优化结果/%
姜黄素类化合物总量	1.03±0.02
单去甲氧基姜黄素纯度	25
双去甲氧基姜黄素纯度	32
姜黄素纯度	43
第 1 次提取效率	92
第 2 次提取效率	6
第 3 次提取效率	2

在脉冲超声辅助提取姜黄素类化合物结果中，3 次提取所得姜黄素类化合物总量为（1.03±0.02)%。其中，单去甲氧基姜黄素、双去甲氧基姜黄素和姜黄素的纯度，分别为 25%、32%和 43%。相对于 3 次提取所得姜黄素类化合物总量，第 1 次、第 2 次和第 3 次的提取率，分别为 92%、6%、2%。而且，第 1 次提取的姜黄素类化合物的总量为（0.95±0.01)%。这一结果与响应面所得方程的预测结果相同，进一步证明了响应面方法的可靠性。

此外，为了进一步在最佳工艺条件下考察超声时间对姜黄素类化合物得率的影响，比较了超声 10min 和 60min 后的姜黄素类化合物的得率，分别为（0.98±0.01)%和（0.98±0.01)%。两者之间几乎没有差别，这可能是因为脉冲超声的提取效率很高，在第一次提取便可达到提取总量的 92%，即使增加提取时间也不会对姜黄素类化合物得率的增加有显著影响。因此，证明 10min 的超声时间是合适的。

同时，实验中采用了有机溶剂提取法对姜黄素类化合物进行了提取。当样品不经超声处理时，仅在相同条件下以乙醇为溶剂搅拌 24h 后，得率仅为（0.82±0.01）%。用索氏抽提法分别以乙醇和丙酮为溶剂提取 5h 后，所得姜黄素类化合物总量也仅为（0.87±0.05）%和（0.74±0.06）%，即使提取时间延长至 12h，姜黄素类化合物提取总量也未发生显著变化（$P>0.05$）。由此可见，与有机溶剂提取法相比，脉冲超声辅助提取法是一种高效的提取技术。

3.3　微波辅助提取姜黄素类化合物

微波辅助提取的基本原理是微波可以同时将能量迅速传递给整个物料，使提取对象中的溶剂及物料能够同时吸收能量而升温，从而使细胞内部的压力超过细胞壁所能承受的能力，致使细胞破裂，其内的有效成分自由流出，加速被萃取组分的分子由内部向固液界面扩散的速率，进而提高提取效率。本实验采用微波辅助提取姜黄素类化合物，并利用响应面优化设计考察了乙醇浓度（%）、提取时间（min）和微波功率（%）对姜黄素类化合物提取得率的影响，同时得出提取工艺的最佳操作参数。

在脉冲超声提取姜黄素类化合物的研究中已经得出最佳料液比是 1∶200。受姜黄素在乙醇中的溶解度的制约，当料液比低于 1∶200 时，需多次提取才能达到完全提取的目的，而在料液比 1∶200 的条件下，一次脉冲超声提取就可以得到较高的得率。因此，在微波提取姜黄素类化合物中，为了获得较好的传质效率，仍将料液比定为 1∶200。

3.3.1　微波提取时间的影响

为了确定微波提取姜黄素类化合物优化设计中的微波提取时间范

围，在响应面优化之前，首先对微波提取时间进行了单因素实验，以考察提取时间分别为4min、6min、8min和10min时对姜黄素类化合物得率的影响。微波辅助提取条件为：乙醇浓度75%，微波功率10%。实验结果如表3-6所示。

表3-6 微波提取时间对姜黄素类化合物得率的影响

提取时间/min	得率/%
4	0.59±0.02
6	0.63±0.01
8	0.62±0.02
10	0.60±0.03

由表3-6可知，当提取时间在4~6min时，姜黄素类化合物的得率随提取时间的增加而上升。但是，当提取时间超过6min时姜黄素类化合物的得率开始下降。Mandal等人在微波提取姜黄素的研究中也得到相似结果，其研究显示，当微波功率较低时（20%），姜黄素的得率随着提取时间的增加而上升，但是当微波功率较高时（60%），姜黄素的得率却随着提取时间的增加而下降。在本研究中，当微波提取时间超过6min后，姜黄素类化合物得率的下降可能是由于在提取的过程中，在微波的作用下，提取液温度不断上升，使其他脂溶性成分溶出或是淀粉的溶出和糊化，从而阻碍了姜黄类化合物由物料内部向溶剂中的扩散传质，导致姜黄素类化合物得率的下降。因此，在响应面优化实验中，仅考察提取时间在0~10min范围内微波辅助提取对姜黄素类化合物得率的影响。

3.3.2 微波辅助提取姜黄素类化合物优化设计

为了获得微波辅助提取姜黄素类化合物的最佳工艺，同时考察各因素与姜黄素类合物得率之间的关系及各因素之间是否存在交叉影响，响应面优化设计被用来进行工艺参数的优化。选取乙醇浓度（X_1,%），微波功率（X_2,%）和微波提取时间（X_3，min）3 个因素，通过中心复合实验设计对姜黄素类化合物的提取工艺进行优化。其中，优化实验中的各组实验参数和实验结果如表 3-7 所示。

表 3-7　微波辅助提取中心复合实验设计及结果

实验号	X_1	X_2	X_3	得率/(g · 100g^{-1})
1	(-1) 63	(-1) 7	(-1) 4	0.87
2	(-1) 63	(-1) 7	(+1) 8	0.91
3	(-1) 63	(+1) 13	(-1) 4	0.88
4	(-1) 63	(+1) 13	(+1) 8	0.89
5	(+1) 87	(-1) 7	(-1) 4	0.82
6	(+1) 87	(-1) 7	(+1) 8	0.86
7	(+1) 87	(+1) 13	(-1) 4	0.87
8	(+1) 87	(+1) 13	(+1) 8	0.89
9	(-1.68179) 55	(0) 10	(0) 6	0.88
10	(+1.68179) 95	(0) 10	(0) 6	0.84
11	(0) 75	(-1.68179) 5	(0) 6	0.88
12	(0) 75	(+1.68179) 15	(0) 6	0.91
13	(0) 75	(0) 10	(-1.68179) 2	0.79
14	(0) 75	(0) 10	(+1.68179) 10	0.91
15	(0) 75	(0) 10	(0) 6	0.93
16	(0) 75	(0) 10	(0) 6	0.92
17	(0) 75	(0) 10	(0) 6	0.94
18	(0) 75	(0) 10	(0) 6	0.95
19	(0) 75	(0) 10	(0) 6	0.94
20	(0) 75	(0) 10	(0) 6	0.95

由表 3-7 可知，在不同提取条件下姜黄素类化合物的得率是 0.78%~0.96%。ANOVA 被用来分析各因素对提取结果影响的显著性及各因素与姜黄素类化合物得率之间的关系。经回归拟合后，得到回归方程：

$$Y_{MAE}\ (g/100g) = -0.22744+0.023174\times X_1+0.095001\times X_2-0.000163\times X_1^2 +0.000108\times X_3^2-0.007011\times X_2^2$$

微波辅助提取响应面分析结果在表 3-8 中列出。

表 3-8 微波辅助提取响应面分析结果

来源	DF	SS	MS	F	P
X_1	1	0.00284	0.00284	9.930908	0.01031 *
X_2	1	0.001043	0.001043	3.647641	0.085222
X_3	1	0.006455	0.006455	22.57505	0.000779 **
$X_1\times X_1$	1	0.008879	0.008879	31.05122	0.000237 **
$X_1\times X_2$	1	0.000972	0.000972	3.399984	0.094989
$X_1\times X_3$	1	0.000023	0.000023	0.080407	0.78253
$X_2\times X_2$	1	0.002565	0.002565	8.970706	0.013456 *
$X_2\times X_3$	1	0.000268	0.000268	0.936467	0.356009
$X_3\times X_3$	1	0.012511	0.012511	43.75366	0.0001 **
方程	9	0.032135	0.003571	12.48683	0.000243 **
（一次项）	3	0.010338	0.003446	12.05118	0.00117 **
（二次项）	3	0.020534	0.006845	23.93702	0.0001 **
（交叉影响）	5	0.000968	0.000194		
误差	10	0.002859	0.000286		
（失拟）	5	0.001892	0.000378	1.954571	0.239845
（纯误差）	5	0.000968	0.000194		
总离差	19	0.034995			
R^2	0.92				
R^2_{adj}	0.84				

由表3-8可知，乙醇浓度和提取时间对得率有显著影响，而微波功率对提取没有显著影响。回归模型、线性关系及二次项都表现出各自变量和得率之间的关系显著（$P<0.01$），并且各因素之间没有交叉影响。失拟检验中（lack of fit）$P=0.239845>0.05$ 且 $R^2=92\%$，说明该回归方程拟合很好，可以较好地描述各因素与响应值之间的真实关系。微波辅助提取响应面实验结果如图3-7所示。

图3-7中显示了不同乙醇浓度、不同提取时间及不同功率对姜黄素类化合物得率的影响。图3-7（a）中显示，姜黄素类化合物的得率随乙醇浓度的提高而显著上升，但当乙醇浓度超过75%～80%范围时，姜黄素类化合物的得率开始下降。相对于乙醇浓度，微波功率对姜黄素类化合物的得率却没有表现出显著的影响。

图3-7（b）中也显示了相似的结果：相对于微波功率，提取时间的影响更加显著。姜黄素类化合物的得率随着提取时间的延长而上升，但当提取时间超过7～8min后，姜黄素类化合物的得率开始下降。

图3-7（c）显示，与乙醇浓度相比，姜黄素类化合物的得率随着提取时间的变化发生更显著的改变。这说明提取时间相对于乙醇浓度对姜黄素类化合物的得率有更显著的影响。表3-8中的分析结果也显示，提取时间对姜黄素类化合物的得率有极其显著的影响（$P=0.000779<0.01$），乙醇浓度对姜黄素类化合物的得率有显著影响（$P=0.01031<0.05$），而微波功率对姜黄素类化合物的得率则没有显著影响（$P>0.05$）。由回归方程可以得出最佳参数为：乙醇浓度为72%、功率为10%，提取时间为7min，姜黄素类化合物的得率为0.94%。

3.3.3 微波辅助提取法优化结果的验证

按照最佳工艺参数，对样品进行3次提取直至提取液近乎无色，所得结果如表3-9所示。

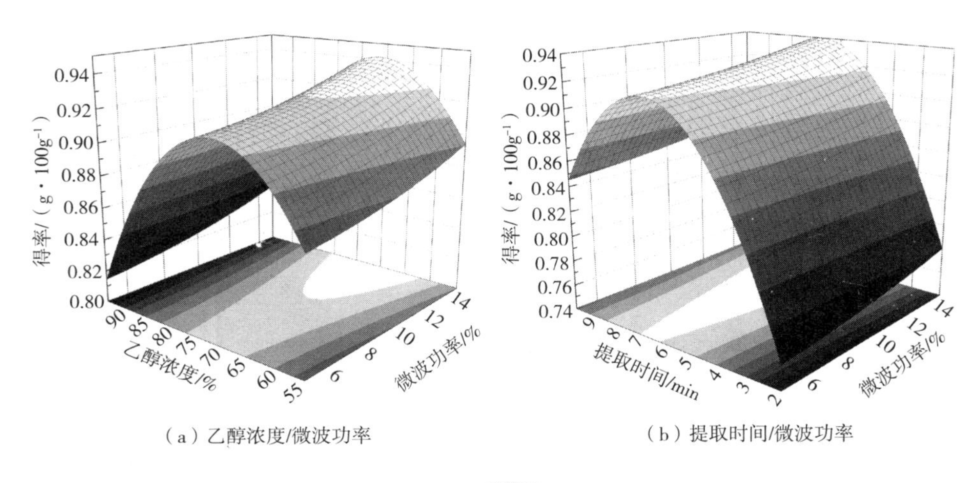

（a）乙醇浓度/微波功率　　（b）提取时间/微波功率

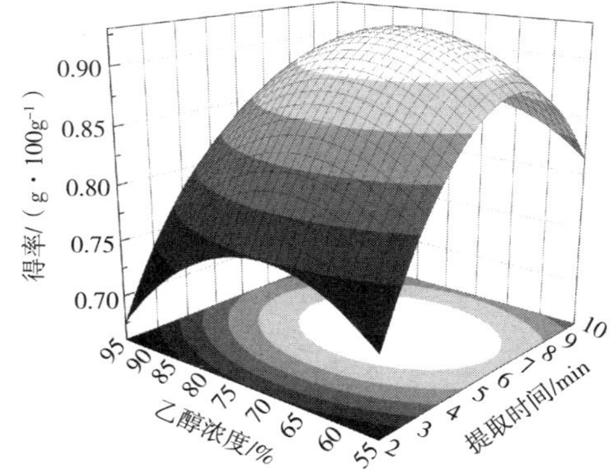

（c）乙醇浓度/提取时间

图 3-7　微波辅助提取响应面实验结果

表 3-9　微波辅助提取法的优化结果

项目	微波辅助提取优化结果/%
姜黄素类化合物总量	1.01±0.02
单去甲氧基姜黄素纯度	23
双去甲氧基姜黄素纯度	27
姜黄素纯度	50
第 1 次提取效率	92
第 2 次提取效率	6
第 3 次提取效率	2

3 次提取所得姜黄素类化合物总量为（1.01±0.02）%。其中，单去甲氧基姜黄素、双去甲氧基姜黄素和姜黄素的纯度，分别为 23%、27%和 50%。相对于 3 次提取所得姜黄素类化合物总量，第 1 次、第 2 次和第 3 次的提取率，分别为 92%、6%、2%。而且，第 1 次提取的姜黄素类化合物的总量为（0.93±0.01）%。这一结果与响应面所得方程的预测结果非常相近，进一步证明了响应面方法的可靠性。与传统有机溶剂提取法相比，微波辅助提取法显著提高了姜黄素类化合物的得率，降低了提取时间。同时，微波辅助提取法与脉冲超声辅助提取法在姜黄素类化合物提取总量及单次提取率方面也十分接近。

3.4　高压脉冲电场辅助提取姜黄素类化合物

近年来，在高压脉冲电场技术对食品物料进行杀菌和成分提取等方面得到了研究者们的广泛关注。高压脉冲电场提取技术的原理是将样品置于至少 1kV/cm 的电场中，样品两端的电极会产生时长极短的（μs～ms）高频的电脉冲。其结果是增加了细胞膜两侧的电位差，并最终导致细胞膜被穿透，破坏了生物细胞膜的完整性，改变了细胞膜的通透性，从而有利于细胞内部成分的流出和提取溶剂的进入，促进了提取过程中的传质效率，提高了提取得率。利用高压脉冲电场对姜黄素提取的研究还未见报道，因此，本实验考察了在不同电压、不同电脉冲次数等因素的条件下，高压脉冲电场对姜黄素类化合物提取得率的影响。

3.4.1　电场强度的影响

当植物组织受到高压脉冲电场处理时，电场强度改变了组织细胞内、外的电位差，使细胞极化，破坏了细胞膜，从而有利于提取溶剂的进入和细胞内物质的流出。在研究电场强度对姜黄素类化合物得率的影响时，电脉冲次数固定在200次。同时，实验中还采用了不同的乙醇浓度作为提取溶剂，目的是考察乙醇浓度对高压脉冲电场处理是否存在影响。实验结果如表3-10所示。

表3-10 电场强度对姜黄素类化合物得率的影响

电场强度/($kV\cdot cm^{-1}$)	提取条件			
	50%乙醇	83%乙醇	50%乙醇+搅拌	83%乙醇+搅拌
0	0.69±0.02	0.72±0.01	0.83±0.02	0.85±0.02
2	0.67±0.03	0.69±0.04	0.77±0.02	0.80±0.02
3	0.64±0.01	0.68±0.04	0.76±0.02	0.81±0.01

在超声实验中得出，当乙醇浓度在83%时，姜黄素的得率最高，主要是因为姜黄素类化合物在83%乙醇中的溶解度最高。而在微波提取实验中，虽然乙醇的最佳提取浓度是72%，但这是因为提取过程中温度的上升改变了溶剂的极性，从而提高了姜黄素类化合物的溶解度。因此，在高压脉冲电场辅助提取姜黄素类化合物的实验中，选择83%的乙醇浓度作为提取溶剂。另外，由表3-10可知，在不同的处理条件下，当乙醇浓度为83%时，姜黄素类化合物的得率都高于乙醇浓度为50%时的姜黄素类化合物得率，进一步证明83%的乙醇浓度是合适的。

由表3-10可见，当乙醇浓度分别在50%和83%时，样品经高压脉冲电场处理后，姜黄素类化合物的得率有所下降，并且具有随着电场强度的增加而下降的趋势。当样品经高压脉冲电场处理后，再经24h搅拌提取，姜黄素类化合物的得率比未经搅拌时有了显著的提高，但是姜黄素类化合物的得率仍然有随着电场强度的增加而下降的趋势。

高压脉冲电场处理会破坏细胞膜，促进细胞内容物的流出，从而提高提取过程中的传质效率。实验中，样品经高压脉冲电场处理之后，再经 24h 的搅拌提取，目的是考察高压脉冲电场处理是否能够提高姜黄素类合物在搅拌过程中的提取得率。

表 3-11 中显示了样品经 24h 的搅拌提取前后，姜黄素类化合物得率的增加量。当乙醇浓度为 50%时，搅拌 24h 后姜黄素类化合物的得率分别增加了（16.69±3.43)%、(13.27±5.61)%、(15.29±2.37)%，各数值之间差异不显著（$P>0.05$）。当乙醇浓度为 83%时，搅拌 24h 后姜黄素类化合物的得率分别增加了（17.07±2.43)%、（12.31±5.30)%、(13.72±5.13)%，各数值之间没有显著差异（$P>0.05$）。由以上结果可知，当样品不经高压脉冲电场处理，仅仅经过 24h 的搅拌提取后，姜黄素类化合物得率的增加量与样品经过高压脉冲电场处理后，再经 24h 的搅拌提取，姜黄素类化合物得率的增加量之间没有显著差异（$P>0.05$），说明高压脉冲电场处理不仅对搅拌提取操作没有显著影响，而且会降低姜黄素类化合物的得率。

表 3-11　搅拌 24h 后姜黄素类化合物得率的增加量

乙醇浓度	电压/($kV \cdot cm^{-1}$)		
	0	2	3
50%乙醇	16.69±3.43	13.27±5.61	15.29±2.37
83%乙醇	17.07±2.43	12.31±5.30	13.72±5.13

3.4.2　脉冲电流强度的影响

在高压脉冲电场处理过程中，当电脉冲被释放时，电容中积累的电量会以电流的方式通过样品。因此，实验中考察了流经样品的电流强度对姜黄素类化合物得率的影响。实验条件为 50%乙醇浓度，电场强度分别为 0、3kV/cm、4kV/cm，电脉冲次数为 200 次。实验结果如表 3-12 所示。

表 3-12 脉冲电流强度对姜黄素类化合物得率的影响

电场强度/(kV·cm^{-1})	提取条件	
	一个电容	两个电容
0	0.69±0.02	0.69±0.02
3	0.68±0.01	0.64±0.01
4	—	0.60±0.01

由表 3-12 可知，当在高压脉冲电场电路中增加一个并联的电容时，与只有一个电容时相比较，姜黄素类化合物的得率有显著的下降。因为在电路中增加一个并联电容后，当电脉冲发生时，会增加流过样品的总电量，引起更多的姜黄素类化合物发生分解。另外，在电场强度为 4kV/cm 的条件下，当只有一个电容时，没有电脉冲发生，而在有两个并联电容的电路里，才会有脉冲电流发生，而且要得到 200 次电脉冲需要近 1h。其原因可能是，当只有一个电容时，无法在样品室两端积攒足够的电量达到 4kV/cm 的电压来引起电脉冲。

3.4.3 电脉冲次数对姜黄素类化合物得率的影响

当植物组织受到高压脉冲电场处理时，电脉冲次数决定了电场对植物组织细胞的破坏程度和数量，从而对提取过程中的传质效率产生影响。实验中考察了不同电脉冲次数对姜黄素类化合物得率的影响，结果如表 3-13 所示。

表 3-13 电脉冲次数对姜黄素类化合物得率的影响

电脉冲次数	得率/%
0	0.69±0.02
50	0.67±0.02
200	0.64±0.01

由表 3-13 可知，当电场强度一定时（3kV/cm），姜黄素类化合物

的得率会随着电脉冲次数的增加而下降。这可能是因为当电脉冲次数增加时，流过样品的电流量也随着脉冲次数的增加而增加，从而引起姜黄素类化合物的分解。

以上实验结果显示，提高电场强度，增加电容和电脉冲次数都会增加高压脉冲电场处理时流过样品的总电量，引起姜黄素类化合物得率的下降。Sun 等人的研究显示，在利用高压脉冲电场处理样品时，会使样品中的水分子发生氧化产生 HO · 和 H_2O_2，从而导致花青素发生降解。姜黄素类化合物是一种多酚类物质，具有较强的抗氧化性，易于和过氧化物和自由基发生反应。因此，当样品经高压脉冲电场处理后，溶液中产生的 HO · 和 H_2O_2 可能是导致姜黄素类化合物发生降解的主要原因。由实验结果可知，高压脉冲电场不适合作为姜黄素类化合物的提取技术。

3.5　脉冲超声和微波辅助提取法的对比评价

本实验中分别进行了脉冲超声、微波及高压脉冲电场辅助提取姜黄素类化合物的研究，并获得了脉冲超声和微波辅助提取的最佳工艺。研究结果显示，与传统有机溶剂提取法相比，脉冲超声和微波辅助提取法都显著提高了姜黄素类化合物的得率，降低了提取时间。而高压脉冲电场的研究结果显示，样品经高压脉冲电场处理后，会引起姜黄素类化合物浓度的下降。因此，高压脉冲电场可能不适合作为姜黄素类化合物的提取技术。为了进一步获得姜黄素提取的最佳技术，在提取效率、能耗等方面对脉冲超声和微波辅助提取进行了比较。

3.5.1　脉冲超声辅助提取动力学方程

分别在 20%和 60%超声振幅的条件下，考察超声提取时间与姜黄素类化合物得率之间的关系。除超声振幅外，其他实验参数与脉冲超声提取的最佳工艺一致。

姜黄素类化合物的脉冲超声辅助提取速率方程可由式（3-1）表示：

$$\frac{dY}{dt} = kY^n \tag{3-1}$$

式中：Y——姜黄素类化合物得率；

t——提取时间；

k——提取速率常数；

n——反应级数。

由方程（3-1）可知，当 $n=0$ 时，式（3-1）可换算为式（3-2）：

$$Y = Y_0 + kt \tag{3-2}$$

当 $n=1$ 时，式（3-1）可换算为式（3-3）：

$$Y = Y_0 e^{kt} \tag{3-3}$$

当 $n>1$ 时，式（3-1）可换算为式（3-4）：

$$Y = \frac{Y_0}{\sqrt[n-1]{1 + (n-1)Y_0^{n-1}kt}} \tag{3-4}$$

通过实验所得数据求出 ln（dY/dt）对 ln Y 的线性关系得出 n 值为 0，因此姜黄素类化合物的提取速率方程可由式（3-2）来表示，并通过姜黄素化合物得率（Y）对提取时间（t）的关系图，得出 Y 对 t 的线性回归方程。脉冲超声提取姜黄素类化合物动力学实验结果如图 3-8 所示。

刘伟民等人在决明子配方颗粒制备及提取过程动力学研究中认为，植物有效成分的提取往往遵守一级动力学方程，因为随着溶剂中被提取出来的有效成分浓度的上升，有效成分从物料内部向外部溶剂扩散的传质阻力也就越大，所以提取速率与有效成分在溶剂中的浓度有关。而本实验中所得反应级数 n 值为 0，说明姜黄素化合物的提取得率与其在溶剂中的浓度无关。这主要是因为在实验中，除超声振幅变化外，其他所有条件均为脉冲超声提取的最佳工艺，而脉冲超声提取

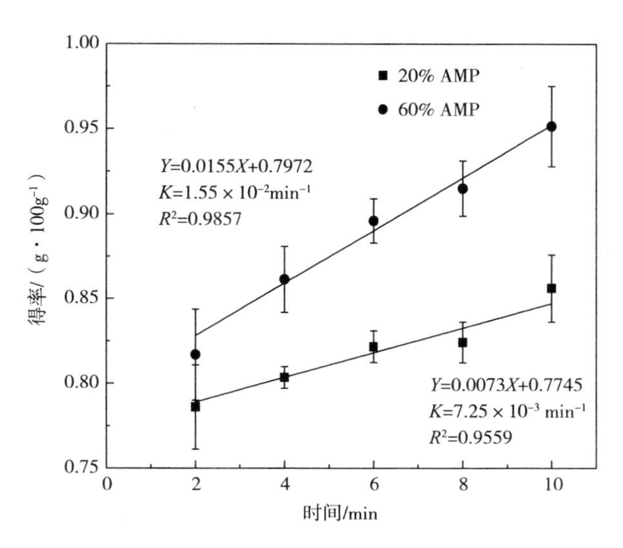

图 3-8　脉冲超声辅助提取姜黄素类化合物动力学

过程中，乙醇浓度对姜黄素类化合物得率的影响最显著，在最佳工艺参数下的乙醇浓度对姜黄素类化合物有最大的溶解度。同时，实验中所用的料液比也相对较高，从而提高了传质效率，降低了传质阻力，物料表面和内部的姜黄素类化合物很容易地扩散进入溶剂中，使姜黄素类化合物在溶剂中的浓度不会对其提取速率产生影响。

通过对动力学数据进行线性拟合，可以得到相应的动力学方程及提取速率常数（K）。以 K 为指标考察不同超声振幅下的提取效率。K 值越大说明提取效率越高。脉冲超声辅助提取过程中，在 20%和 60%振幅条件下所得动力学方程分别为 $Y=0.0073X+0.7745$（$R^2=0.96$）和 $Y=0.0155X+0.7972$（$R^2=0.99$），所得速率常数分别为 $7.25\times10^{-3}min^{-1}$ 和 $1.55\times10^{-2}min^{-1}$。回归方程的 R^2 值较高，说明所得回归方程可以较好的反应脉冲超声提取时间与姜黄素类化合物得率之间的关系。速率常数显示，当振幅在 60%时，提取效率显著高于振幅在 20%条件下的提取效率。这是因为当振幅在 60%时会有更多的能量被传递到提取液中，加强了超声的空穴和机械作用。因此，在

60%超声振幅条件下，超声在溶液中会产生更高的压力和温度，物料会受到更强的侵蚀作用，物料的粒度变得更小，与提取溶剂接触的表面积更大，提取过程中的传质效率更高，所以单位时间内姜黄素类化合物的得率更高。在单因素及优化实验结果的基础上，动力学实验结果进一步证明，当超声振幅在60%时，脉冲超声辅助提取具有最高的提取效率。

3.5.2 微波辅助提取动力学方程

微波提取姜黄素类化合物动力学实验结果如图3-9所示。

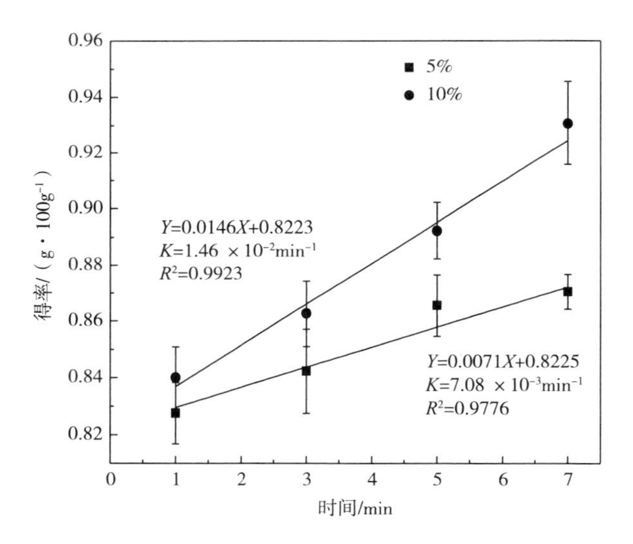

图3-9 微波辅助提取姜黄素类化合物动力学

分别在微波功率为5%和10%的条件下，考察微波提取时间与姜黄素类化合物得率之间的关系。除微波功率外，其他实验参数与微波提取的最佳工艺一致。通过实验所得数据，根据式（3-1）得出微波辅助提取姜黄素类化合物的反应级数 n 值为0，说明姜黄素化合物的提取得率与其在溶剂中的浓度无关。这主要是因为在实验中，除微波功率变化外，其他所有条件均为微波辅助提取的最佳工艺，而微波辅助提取过程中，乙醇浓度对姜黄素类化合物得率的影响显著，在最佳工艺参数下的乙醇浓度对姜黄素类化合物有最大的溶解度。同时，实验中所用的料液比也相对较高，从而提高了传质效率，降低了传质阻力，物料表面和内部的姜黄素类化合物很容易地扩散进入溶剂中，使姜黄素类化合物在溶剂中的浓度不会对其提取速率产生影响。

在微波辅助提取过程中，将不同的提取时间与其对应的姜黄素类合物的得率进行线性拟合，可以得到相应的动力学方程及提取速率常数（K）。以 K 为指标考察在不同微波功率条件下的提取效率。K 值越大说明提取效率越高。由图3-9可知，微波辅助提取过程中，在5%和10%功率条件下所得动力学方程分别为 $Y=0.0071X+0.8225$（$R^2=0.98$）和 $Y=0.0146X+0.8223$（$R^2=0.99$），所得速率常数分别为 $7.08\times10^{-3}\text{min}^{-1}$ 和 $1.46\times10^{-2}\text{min}^{-1}$。回归方程的 R^2 值较高，说明所得回归方程可以较好的反应微波辅助提取时间与姜黄素类化合物得率之间的关系。虽然速率常数显示，在优化实验中微波功率对姜黄素化合物得率没有显著的影响，但动力学结果显示，当微波功率在10%时，提取效率显著高于微波功率在5%条件下的提取效率。在优化实验中，微波功率对姜黄素类化合物的得率没有显著影响的原因是，与微波功率相比，乙醇浓度和提取时间对姜黄素类化合物得率的影响更加显著。因为不同浓度的乙醇溶液的极性不同，对姜黄素类化合物的溶解度也不同。乙醇溶液对姜黄素类化合物的溶解性越好，越有利于姜黄素类化合物从物料向溶剂中的转移，提高传质效率。同时，提取时间在一定范围的增加会提高植物组织细胞被破坏的程度和数量，有利于溶剂的进入和溶质的流出，提高姜黄素类化合物的得率。微波提取动力学实验发现，在其他参数都完全相同的条件下，当微波功率在10%时，提取效率更高。这是因为，在提取过程中，微波可以同时将能量迅速传递给整个物料，使提取对象中的溶剂及物料能够同时吸收能量而升温，当细胞内部的压力超过细胞壁所能承受的能力时，细胞破裂，使其内的有效成分自由流出。所以，微波功率越高，物料吸收的能量就越多，组织细胞内部的温度上升越快，植物组织细胞被破坏的程度越高、数量越多，从而加速姜黄素类化合物由内部向固液界面扩散的速率，提高提取效率。在单因素及优化实验结果的基础上，动力学实验结果进一步证明，当微波功率在10%时，微波辅助提取具有最高的提取效率。

3.5.3 脉冲超声与微波辅助提取姜黄素类化合物的比较

通过单因素和优化实验得到了脉冲超声和微波辅助提取姜黄素类化合物的最佳工艺，同时也得出两种方法的动力学参数。为了获得姜黄素的最佳提取技术，以姜黄素类化合物得率、纯度、能耗、溶剂回收成本、产品安全性等因素为指标对脉冲超声与微波辅助提取结果进行了比较，各实验参数及结果列于表3-14中。

表3-14 脉冲超声与微波辅助提取的比较

参数	脉冲超声辅助提取法	微波辅助提取法	有机溶剂提取法
溶剂	83%乙醇	72%乙醇	乙醇/丙酮
溶剂沸点	>78℃	>79℃	78.4℃/56℃
提取时间	10min	7min	5h
仪器输出功率	500W	73W	1000W（水浴锅）
姜黄素类化合物得率/%	1.03±0.02	1.01±0.02	0.87±0.05/0.74±0.06
K/min	1.55×10^{-2}	1.46×10^{-2}	—
姜黄素纯度	43%	50%	—
双去甲氧基纯度	32%	27%	—
单甲氧基纯度	25%	23%	—

当提取操作结束后，溶剂回收与产品的安全性、溶剂的反复利用和生产成本的控制等方面有着紧密的联系。脉冲超声、微波辅助提取和有机溶剂提取法中使用的溶剂，分别为83%乙醇、72%乙醇、无水

醇和丙酮。由表3-14可知，丙酮的沸点较低（56℃），而脉冲超声和微波辅助提取法中使用的乙醇溶液的沸点都在78℃以上。由于溶剂回收过程中，为了使有机溶剂挥发，加热温度必须高于溶剂的沸点，所以在脉冲超声和微波辅助提取之后，溶剂回收所需要的温度更高，能耗更高，而丙酮回流提取法在溶剂回收效率和能耗方面要优于脉冲超声和微波辅助提取法。但是，由于丙酮的毒性、对环境的污染及溶剂残留等因素，它在生产安全性和食品安全性方面不如乙醇。

在提取过程中，能量的消耗也可以从提取时间和设备的输出功率中得出。由表3-14所示，脉冲超声、微波辅助提取和有机溶剂提取的时间，分别为10min、7min和5h。设备的输出功率分别为500W、73W和1000W。因此，3种提取方法中，微波辅助提取法的能耗最小，而有机溶剂提取法的能耗最大。同时，在得率和提取效率上，有机溶剂提取法远不如脉冲超声和微波辅助提取法。

此外，通过比较脉冲超声和微波辅助提取的动力学实验结果可知，虽然脉冲超声提取技术的提取速率常数高于微波提取技术的速率常数，但两者在数值上的差异并不显著（$P>0.05$），说明脉冲超声与微波辅助提取具有几乎相同的提取效率。而且，在姜黄素类化合物得率方面，二者也没有显著的差异（$P>0.05$）。同时，通过进一步比较两种提取技术所得的姜黄素的纯度可知，微波辅助提取法所得姜黄素纯度高于脉冲超声提取法。已知，3种姜黄素类化合物都具有多种生物活性，但姜黄素的生物活性最强，尤其是姜黄素具有较强的抗癌活性，并受到研究者们的广泛关注。因此，不论从产品的生物活性方面还是随后的姜黄素分离操作方面，微波辅助提取法较脉冲超声提取法更适合作为姜黄素类化合物的提取技术。

另外，利用超声和微波为辅助手段提取姜黄素类化合物的报道很少，而利用脉冲超声提取姜黄素还未见报道。Wakte等人的研究结果显示，利用丙酮为溶剂，在150W条件下连续超声处理5min，姜黄素提取率达到71.42%。Rouhani等人发现姜黄素类化合物的最佳连续超声提取条件为：以pH为3，70%乙醇为提取溶剂，在35kHz条件下处理15min，姜黄素得率为12.40%。Mandal等人报道姜黄素的最佳微波提取条件为：20%微波功率，提取4min，姜黄素得率为5.50%。Dandekar和Gaikar的研究显示，以丙酮为溶剂，在20%微波功率下提取1min姜黄素类化合物的提取率可达45%。在这些研究中，由于使用的设备不同，对超声或微波功率的表示方法也不同，导致研究结果相差很大，无法进行比较。而本研究中所得姜黄素类化合物的含量与文献中有很大不同，主要是因为所用姜黄品种不同。Tayyem等研究了不同品种姜黄中姜黄素的含量，其研究发现不同品种姜黄中的姜黄素含量范围在干重的0.58%~3.14%。

综上所述，虽然有机溶剂法在溶剂回收方面优于脉冲超声和微波辅助提取法，但其同时也有提取效率低、耗时长、耗能多、易污染环境、生产安全性低以及溶剂残留缺点。而脉冲超声和微波辅助提取法具有提取效率高、时间短、耗能低、安全性高等优点，使这两种方法更适合作为姜黄素类化合物的提取技术。虽然脉冲超声和微波辅助提取法在设备投资方面会高于有机溶剂提取法，但从长远利益和食品安全方面考虑，这两种方法在姜黄素类化合物的提取应用中更有前景。尤其是微波辅助提取法，提取时间更短、能耗更低，所得姜黄素的纯度更高，与脉冲超声和有机溶剂提取法相比，是姜黄素类化合物提取的最佳技术。

3.6 本章小结

脉冲超声辅助提取姜黄素最佳工艺为：超声振幅为60%，乙醇浓度为83%，料液比为1∶200，脉冲时间为3/1，超声提取时间为

10min。在最佳工艺条件下，脉冲超声辅助提取的效果优于连续超声提取效果。所得姜黄素类化合物总量为（1.03±0.02）%。其中，单去甲氧基姜黄素、双去甲氧基姜黄素和姜黄素的纯度，分别为25%、32%和43%。相对于3次提取所得姜黄素类化合物总量，姜黄素类化合物的单次提取效率可达92%。

微波辅助提取姜黄素的最佳工艺为：乙醇浓度为72%，微波功率为20%，微波提取时间为7min。所得姜黄素类化合物总量为（1.01±0.02）%。姜黄素类化合物的单次提取效率可达92%，其中，单去甲氧基姜黄素、双去甲氧基姜黄素和姜黄素的纯度，分别为23%、27%和50%。

脉冲超声与微波辅助提取几乎具有相同的提取效率。微波辅助提取法时间更短、能耗更低，所得姜黄素的纯度更高；而高压脉冲电场处理引起姜黄素类化合物得率的下降，不适合作为姜黄素类化合物的提取技术。

第 4 章　β-Lg/CCM 复合物的形成和结构表征及性质研究

4.1　引言

本实验以 β-Lg 为载体，利用 β-Lg 的疏水性区域与姜黄素结合形成 β-乳球蛋白/姜黄素（β-Lg/CCM）复合物，以期达到提高姜黄素水溶性和促进姜黄素在人体内吸收的目的。为了阐明姜黄素与 β-Lg 之间的作用机制及 β-Lg/CCM 复合物的性质，研究采用荧光光谱及紫外吸收光谱法考察了姜黄素对 β-Lg 的淬灭机制、结合位点数、结合常数。同时，结合傅里叶红外光谱法进一步对 β-Lg 与姜黄素之间的主要作用力、结合位点及姜黄素对 β-Lg 结构的影响进行了探讨。随后，实验考察了复合物的热稳定性和 pH 稳定性及复合物的形成对姜黄素溶解度的影响。最后，实验利用 ABTS 自由基清除法、羟基自由基清除法、总还原力分析法考察了姜黄素与 β-Lg 形成复合物后对姜黄素抗氧化能力的影响。

4.2　β-Lg/CCM 复合物的形成

姜黄素是一种疏水性水分子，而 β-Lg 分子中的 β-桶状结构及表面疏水区域可以和疏水性小分子物质结合（图 1-2）。在酸性条件下，

β-桶状结构入口处的 EF 环处于关闭的位置，使得疏水性小分子无法进入 β-桶状结构内部，只能进入 β-Lg 表面疏水性区域，而在 pH≥7 时，EF 环打开，使得疏水性小分子能够进入 Calyx 内部。因此，实验分别考察了酸性条件和中性条件下姜黄素与 β-Lg 的反应，实验结果如下。

4.2.1 β-Lg 与姜黄素之间的反应

荧光淬灭法在研究小分子与蛋白质之间的反应机制方面被广泛采用。荧光淬灭可分为静态淬灭和动态淬灭。动态淬灭是指荧光分子在激发态期间，与淬灭剂碰撞接触后荧光强度减弱的过程。动态淬灭只影响荧光分子的激发态，不影响荧光分子的结构。静态淬灭是指基态荧光分子和淬灭剂形成复合物，使荧光分子的荧光强度减弱的过程。无论是静态淬灭还是动态淬灭，荧光分子与淬灭剂之间的淬灭效率都遵循 Stern-Volmer 方程式（4-1）。

$$F_0/F = 1 + K_q \times \tau_0 \times [CCM] = 1 + K_{SV} \times [CCM] \quad (4-1)$$

式中：F_0、F——为姜黄素加入前后 β-Lg 的相对荧光强度；

K_q——双分子淬灭过程的速率常数；

τ_0——没有淬灭剂时荧光分子的平均荧光寿命；

$[CCM]$——姜黄素浓度；

K_{SV}——Stern-Volmer 淬灭常数。

各类淬灭剂对生物大分子的最大扩散碰撞淬灭速率常数为 2.0×10^{10} L/(mol·s)。大多数生物大分子的平均寿命 τ_0 大约是 10^{-8}s。通过 Stern-Volmer 方程可以求出 K_q 的大小。如果 K_q 值远大于 2.0×10^{10} L/(mol·s)，则此淬灭过程为静态淬灭，淬灭剂与生物大分子形成了复合物。因此，实验通过测量和研究 β-Lg 与姜黄素反应前后的荧光强度变化，用以探讨姜黄素对 β-Lg 的荧光淬灭机制，从而得出在酸性条件下（pH=6.0）和在中性条件下（pH=7.0），姜黄素与 β-Lg 反应后是否能够形成复合物。

4.2.1.1　pH=6.0 条件下 β-Lg 与姜黄素之间的反应

在 pH=6.0 条件下，β-Lg 与不同浓度的姜黄素（a→h，0~90μmol/L）反应，以考察姜黄素对 β-Lg 的荧光淬灭作用，实验结果如图 4-1 所示。

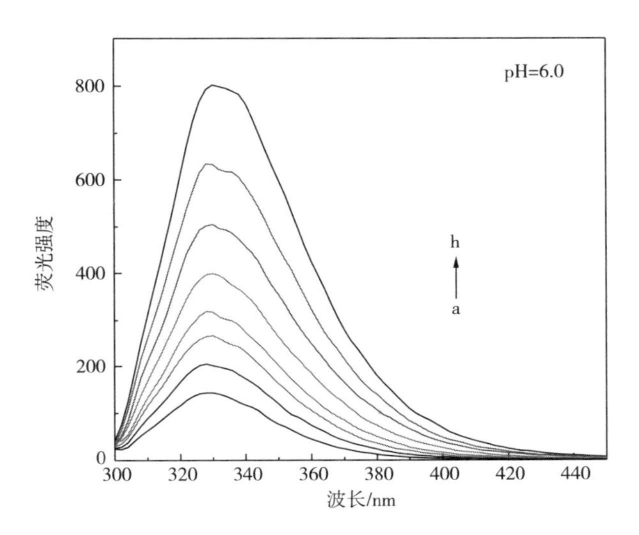

图 4-1　β-Lg 与不同浓度姜黄素反应后荧光强度的变化

从图 4-1 可以看出，在 pH=6.0 条件下，β-Lg 与不同浓度姜黄素反应后，β-Lg 的荧光强度随着姜黄素浓度的增加而不断减弱，说明姜黄素对 β-Lg 的荧光产生了淬灭作用，并且随着姜黄素浓度的增加，姜黄素对 β-Lg 荧光的淬灭程度也越高。根据 Stern-Volmer 方程式（4-1）可以得出该反应的淬灭速率常数 K_q，结果如图 4-2 所示。

由公式（4-1）的计算结果可知，在 pH=6.0 条件下所得到的 K_q 值是 $5.15\times10^{12}M^{-1}\cdot s^{-1}$。$K_q$ 值远远高于动态淬灭速率常数（$2.0\times10^{10}M^{-1}\cdot s^{-1}$），说明在 pH=6.0 的条件下，姜黄素对 β-Lg 荧光淬灭的机制是静态淬灭，姜黄素与 β-Lg 反应后形成了复合物。

由于复合物的形成，蛋白质的结构会受到淬灭剂的影响，引起蛋白质分子吸收光谱的变化。因此，通过检测 β-Lg 与姜黄素结合前后的紫外吸收光谱的变化，可进一步考察姜黄素与 β-Lg 反应后是否能够形成复合物。实验结果如图 4-3 所示，各样品中 β-Lg 的摩尔浓度相同。

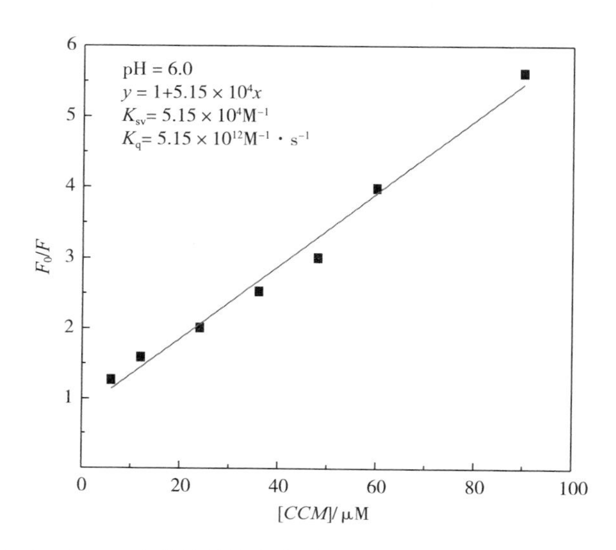

图 4-2 β-Lg 荧光强度的变化的 Stern-Volmer 方程和回归曲线

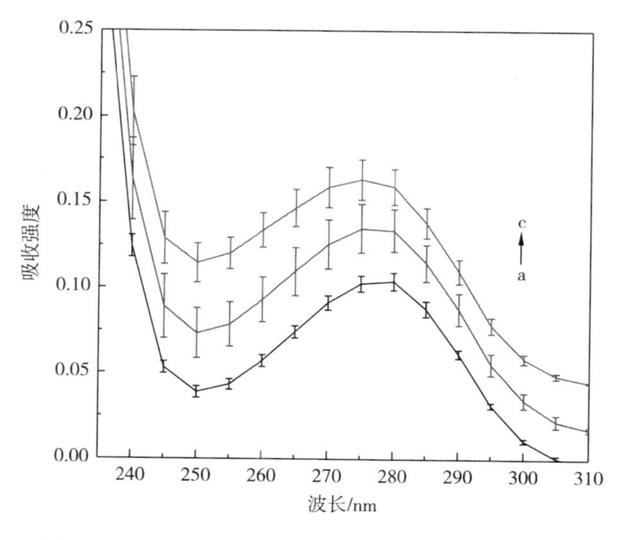

图 4-3 β-Lg 与姜黄素结合前后的紫外吸收光谱

从图 4-3 中可以看出，β-Lg 反应前的吸收光谱与反应后的吸收光谱并不重叠，说明 β-Lg 与姜黄素反应后吸收光谱发生了变化。这一结果进一步证明姜黄素对 β-Lg 的猝灭机制是属于静态猝灭，姜黄素与 β-Lg 反应后形成了复合物。

4.2.1.2 pH=7.0 条件下 β-Lg 与姜黄素之间的反应

在 pH=7.0 条件下，β-Lg 与不同浓度的姜黄素反应，以考察姜黄素对 β-Lg 的荧光猝灭作用，实验结果如图 4-4 所示。

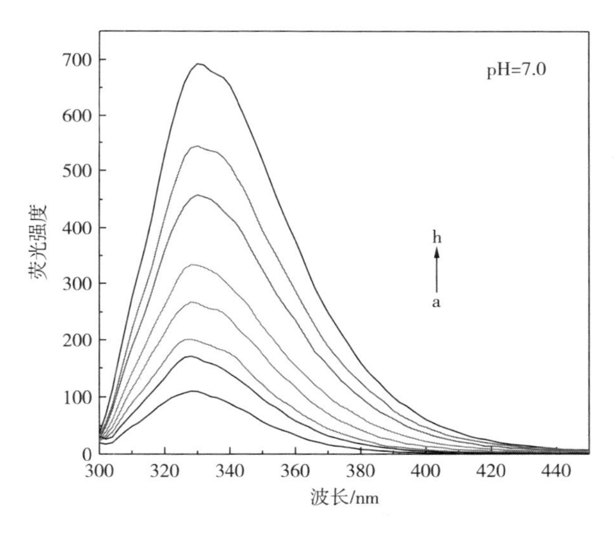

图 4-4 β-Lg 与不同浓度姜黄素反应后荧光光谱

从图 4-4 可以看出，在 pH=7.0 条件下，β-Lg 与不同浓度姜黄素（a→h，0~90μmol/L）反应后，β-Lg 的荧光强度随着姜黄素浓度的增加而不断减弱，说明姜黄素对 β-Lg 的荧光产生了猝灭作用，并且随着姜黄素浓度的增加，姜黄素对 β-Lg 荧光的猝灭程度越高。

根据 Stern-Volmer 方程式（4-1）可以得出该反应的猝灭速率常数 K_q，结果如图 4-5 所示。

由公式（4-1）的计算结果可知，在 pH=7.0 条件下所得到的 K_q 值是 $6\times10^{12}M^{-1}\cdot s^{-1}$。$K_q$ 值远远高于动态猝灭速率常数（$2.0\times10^{10}M^{-1}\cdot s^{-1}$），

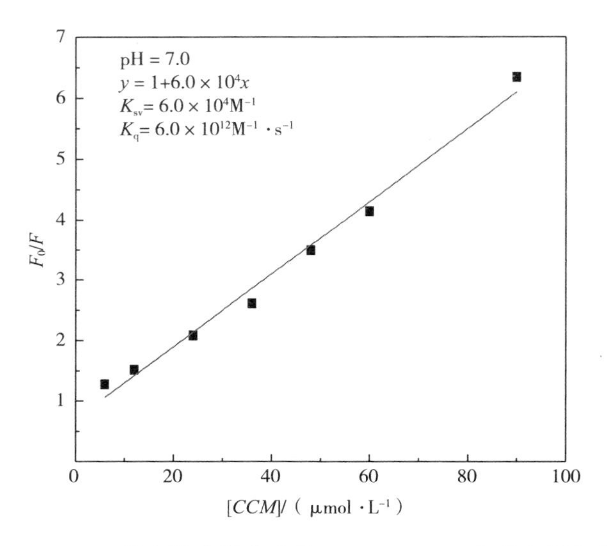

图 4-5 β-Lg 荧光强度的变化的 Stern-Volmer 方程和回归曲线

说明在 pH=7.0 的条件下，姜黄素对 β-Lg 荧光淬灭的机制是静态淬灭，姜黄素与 β-Lg 反应后形成了复合物。同时，通过检测 β-Lg 与姜黄素结合前后的紫外吸收光谱的变化，也进一步证实姜黄素与 β-Lg 反应后是形成了复合物，其结果与图 4-3 相同。

4.2.2 姜黄素与β-Lg反应的结合位点数

研究显示，疏水性小分子与 β-Lg 作用的结合部位有 3 个，分别是 β-桶状结构的内部、β-Lg 分子表面 α-螺旋和 β-桶状结构之间的疏水区域及 β-Lg 二聚体的界面之间。在荧光淬灭实验中已经证实，姜黄素与 β-Lg 形成了复合物，但是，姜黄素在 β-Lg 分子中的结合部位仍需要进一步的探讨。通过确定姜黄素与 β-Lg 反应后的结合数量可有助于进一步明确姜黄素在 β-Lg 分子上的结合位置。因此，通过方程式（4-2）可以进一步确定姜黄素与 β-Lg 作用的结合位点数。

$$\log[(F_0 - F)/F] = \log K_s + n\log[CCM] \quad (4-2)$$

式中：F_0，F——分别为姜黄素加入前后 β-Lg 的相对荧光强度；

K_s——反应平衡常数；

n——结合位点数；

[*CCM*]——姜黄素浓度。

公式（4-2）结果如图4-6所示。

由图4-6可知，在pH=6.0和pH=7.0条件下，K_s和n值分别是$5.80\times10^4M^{-1}$，1.02和$1.33\times10^5M^{-1}$，1.10。其中，n值约等于1，说明每分子β-Lg与1分子姜黄素结合。

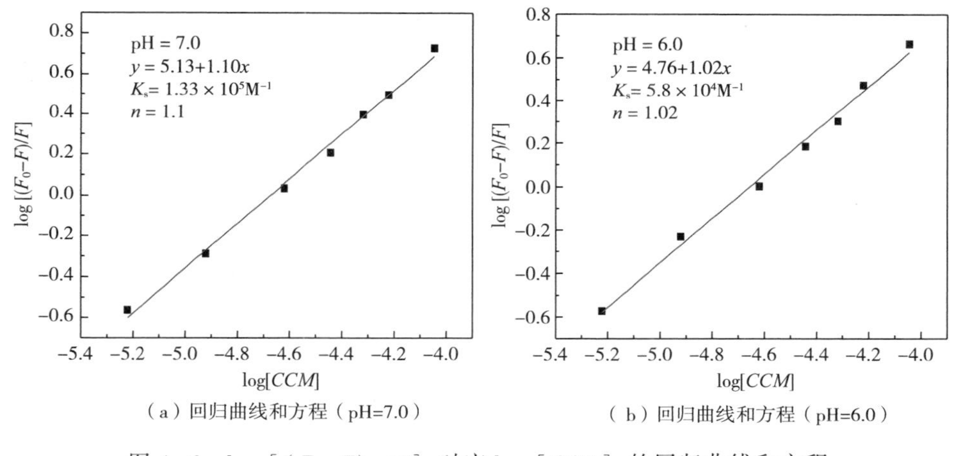

（a）回归曲线和方程（pH=7.0）　（b）回归曲线和方程（pH=6.0）

图4-6　log［（F_0-F）/F］对应log［*CCM*］的回归曲线和方程

通过姜黄素对β-Lg内源荧光猝灭机制的研究可以得出，不论是在酸性条件还是在中性条件，姜黄素都会与β-Lg作用形成复合物，而且复合物中β-Lg与姜黄素的摩尔比是1∶1，即每分子β-Lg只与1分子姜黄素结合形成复合物。

4.3 β-Lg/CCM 复合物的结构表征

在β-Lg的内部有一个β-桶状结构的疏水性内腔（Calyx结构），

可以与疏水性小分子结合。在β-桶状结构入口处连接E、F链的EF环扮演着门的角色。在低pH条件下，EF环处于关闭的位置，使得疏水性小分子无法进入Calyx内部；而在pH≥7时，EF环打开，使得疏水性小分子能够进入。实验证明，在pH=6.0和pH=7.0的条件下，β-Lg可以与姜黄素按摩尔比1∶1结合形成复合物。但姜黄素在β-Lg分子上的结合部位、作用力类型、作用力大小及对β-Lg结构的影响还需要进一步的考察。当姜黄素与β-Lg形成复合物时，可以利用荧光共振能量转移理论，获得淬灭剂与蛋白质肽链中色氨酸残基的距离，从而确定淬灭剂在β-Lg分子中的结合位置。并且，通过不同浓度β-Lg与姜黄素反应后对姜黄素荧光强度的影响及β-Lg/CCM复合物形成前后β-Lg红外光谱的变化，可以获得姜黄素与β-Lg之间反应的作用力大小及作用力类型，从而对β-Lg/CCM复合物进行结构表征。

4.3.1 姜黄素与β-Lg色氨酸间的距离

根据荧光共振能量转移理论，姜黄素与β-Lg之间发生能量转移必须满足的条件是，β-Lg的荧光发射光谱与姜黄素的吸收光谱有足够重叠，而且两者之间的距离在理论上不能超过10nm。同时，根据荧光淬灭实验中所得数据，通过式（4-3）~式（4-5）得出各项参数数值，并最终获得姜黄素与β-Lg肽链中色氨酸的距离r和二者之间的能量传递效率E。

$$E - F/F_0 = R_0^6/(R_0^6 + r^6) \tag{4-3}$$

式中：E——能量转移效率；

F_0，F——与式（4-1）和式（4-2）相同；

r——姜黄素与β-Lg分子中两个Trp残基之间的平均距离；

R_0——与给体—受体对相关的一个常数，可由式（4-4）算出。

$$R_0^6 = 8.8 \times 10^{23} K^2 N^{-4} \Phi J \tag{4-4}$$

式中：K^2——供体、受体各项随机分布的空间取向因子，取值为2/3；

N——介质的折射指数，水溶液取值为 1.4；

Φ——色氨酸的荧光量子产率，取值为 0.12；

J——β-Lg 的荧光发射光谱和姜黄素的吸收光谱间的重叠积分，可由式（4-5）得出；

$$J = \sum F(\lambda)\varepsilon(\lambda)\lambda^4\Delta\lambda / \sum F(\lambda)\Delta\lambda \tag{4-5}$$

式中：$F(\lambda)$——β-Lg 在波长 λ 处的荧光强度，荧光总强度归一化为 1；

$\varepsilon(\lambda)$——姜黄素在波长 λ 处的摩尔吸光系数，$M^{-1}\cdot cm^{-1}$；

$\Delta\lambda$——计算时分割的波长跨度。

如图 4-7 所示，通过测量姜黄素的吸收光谱与 β-Lg 的荧光发射光谱发现，二者有相当程度的重叠。这说明姜黄素与 β-Lg 反应过程中，姜黄素对 β-Lg 的荧光猝灭作用符合荧光共振能量转移理论。由于在 pH=6.0 和 pH=7.0 条件下的测定结果完全相同，因此图 4-7 中只给出了 pH 7.0 条件下的姜黄素的吸收光谱与 β-Lg 的荧光发射光谱的重叠光谱图。

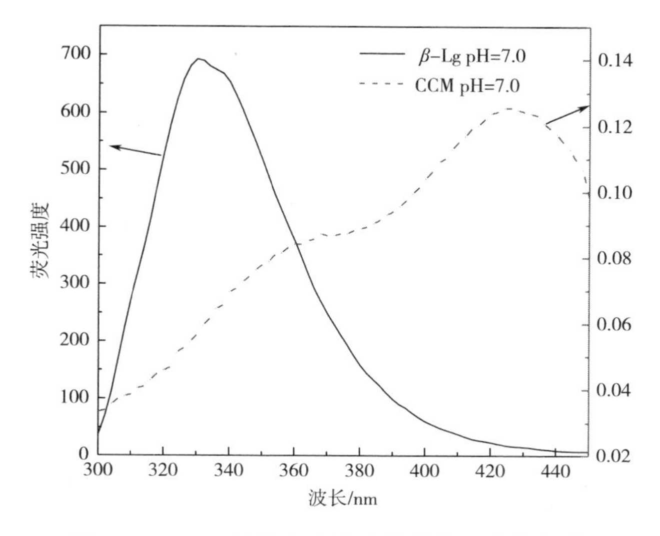

图 4-7　β-Lg 的荧光光谱和姜黄素吸收光光谱

通过式（4-3）可以得到姜黄素与β-Lg分子中两个Trp残基之间的平均距离r及姜黄素与Trp残基之间的能量转移效率E。当小分子与蛋白质形成复合物后，小分子与Trp残基之间的距离r越近，E值越高。许多小分子与生物大分子反应的研究中都常常使用荧光共振能量转移法来判断小分子与生物大分子的结合部位。通过公式（4-3）~公式（4-5）所得相关参数总结于表4-1。

表4-1　在pH=6.0和pH=7.0条件下的荧光共振能量转移参数

参数	pH=6.0	pH=7.0
J	1.69×10^{14}	1.78×10^{14}
R_0/Å	26.01	26.22
r/Å	32.40	32.56
E	0.2114	0.2147

Mohammadi等人在姜黄素与β-Lg反应的研究中得出，R_0=25.90Å，r=33.80Å，pH为6.4。Sneharani等人的研究结果为，R_0=26.80Å，r=32Å，实验条件为pH=7.0。他们的研究结果很相近，但是实验条件却完全不同，前者是在酸性条件下，而后者是在中性条件下。并且，Sneharani等人认为姜黄素与β-Lg的结合位点是在β-桶状结构中，这使得他们的结果产生了矛盾。有研究显示，当小分子结合在蛋白质分子上的不同位置时，其r值之间及E值之间有显著差别。而这两项研究结果中的r值之间和E值之间都非常相近，说明姜黄素可能结合在同一部位。但是，在酸性条件下，EF环处于关闭的位置，使得疏水性小分子无法进入Calyx内部，而在pH≥7时，EF环打开，使得疏水性小分子能够进入。因此，在Mohammadi等人的研究条件下，姜黄素不可能进入Calyx结构中，但其所得r值和E值与Sneharani等人的研究结果却十分接近。

由表4-1所示，在pH=6.0和pH=7.0的条件下，所得的r值之间及E值之间差别很小，同时所得数值也与Mohammadi和Sneharani等人的研究结果相近。说明本实验所得结果与Mohammadi和Sneharani等人的研究结果是可信的。这些研究结果同时也表明，在姜黄素与β-Lg反应的研究中，仅仅使用荧光光谱一种方法难以确定姜黄素与β-Lg结合部位，需要结合其他方法来进一步阐明。因此，本实验在荧光光谱分析法的基础上，结合傅里叶红外光谱法，通过考察不同pH值条件下姜黄素与β-Lg反应的作用力类型及结合常数来进一步探讨姜黄素与β-Lg之间的结合部位。

4.3.2 姜黄素与β-Lg反应的作用力类型

参与疏水性小分子与蛋白质之间反应形成复合物的作用力主要有疏水作用力和极性基团参与的氢键。β-Lg与姜黄素反应前后在酰胺带及3000~2800cm^{-1}区间内的光谱变化，可以用来分析β-Lg分子中的亲水基团与疏水基团是否参与到β-Lg与姜黄素之间的反应，从而探讨β-Lg与姜黄素之间的主要结合力类型。β-Lg分子中的酰胺Ⅰ带（1700~1600cm^{-1}）主要反应的是蛋白质中的C═O基团特征光谱，酰胺Ⅱ带（1600~1500cm^{-1}）主要反应的是蛋白质中的C—N基团和N—H基团的特征光谱。C═O，C—N和N—H基团在化学反应中经常参与到亲水性反应中，并形成氢键。3000~2800cm^{-1}区间主要反映的是CH_2基团对称及反对称伸缩振动特性光谱，而且CH_2基团经常参与到蛋白质的疏水性反应。β-Lg与姜黄素反应前后红外光谱的变化结果如图4-8所示。

从图4-8中可以看出，在1700~1500cm^{-1}波数范围内，β-Lg的光谱几乎没有发生改变。然而，在3000~2800cm^{-1}区间内β-Lg的光谱在不同的反应条件下发生了明显的变化。在pH=6.0条件下，当与姜黄素反应后，β-Lg在3000~2800cm^{-1}区间内的吸收峰从2874cm^{-1}、2933cm^{-1}和2961cm^{-1}移动到2875cm^{-1}、2930cm^{-1}和2968cm^{-1}。在pH=7.0条件下，各吸收峰分别移动到了2876cm^{-1}、2932cm^{-1}和

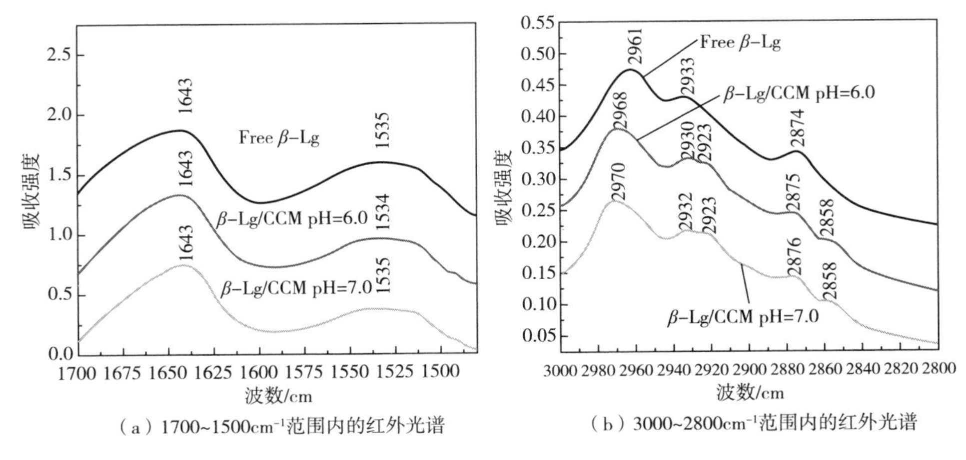

（a）1700~1500cm⁻¹范围内的红外光谱 （b）3000~2800cm⁻¹范围内的红外光谱

图 4-8 β-Lg 及 β-Lg/CCM 复合物的红外光谱（pH=6.0 和 pH=7.0）

2970cm^{-1}，其中在 2961cm^{-1} 处吸收峰的位移尤其明显。同时，在 2923cm^{-1} 和 2858cm^{-1} 又出现了两个新的吸收峰。这些变化表明，虽然姜黄素含有两个酚羟基，但它主要是通过疏水作用力与 β-Lg 结合。其反应过程可能是姜黄素的酚环与蛋白质疏水腔之间通过疏水作用力结合。此外，在牛血清白蛋白分别与白藜芦醇、木黄酮及姜黄素的反应中也得出类似的结果。这些研究结果表明，虽然一些疏水性小分子中含有某些极性基团，但是这些小分子在与蛋白质的相互作用过程中主要是通过疏水作用力结合的。

4.3.3 姜黄素与 β-Lg 之间的结合常数

荧光分子的荧光强度与其所处环境的疏水性有关，环境的疏水性越强，荧光分子的荧光强度越强。通过之前的研究可知，姜黄素与 β-Lg 之间是通过疏水作用力结合的。当姜黄素与 β-Lg 结合形成复合物后，姜黄素所处环境的疏水性必将发生变化。因此，通过测定姜黄素与 β-Lg 反应前后荧光光谱的变化，可以考察 pH=6.0 和 pH=7.0 条件下姜黄素与 β-Lg 的结合位点是否相同以及姜黄素与 β-Lg 之间的结合常数。结合常数可以进一步探讨姜黄素在 pH=6.0 和 pH=7.0 条件下

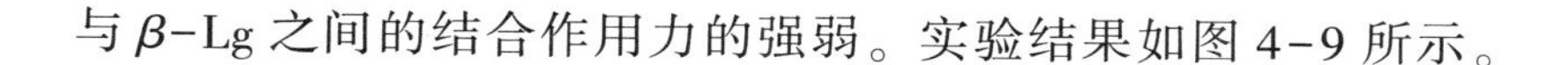

与 β-Lg 之间的结合作用力的强弱。实验结果如图 4-9 所示。

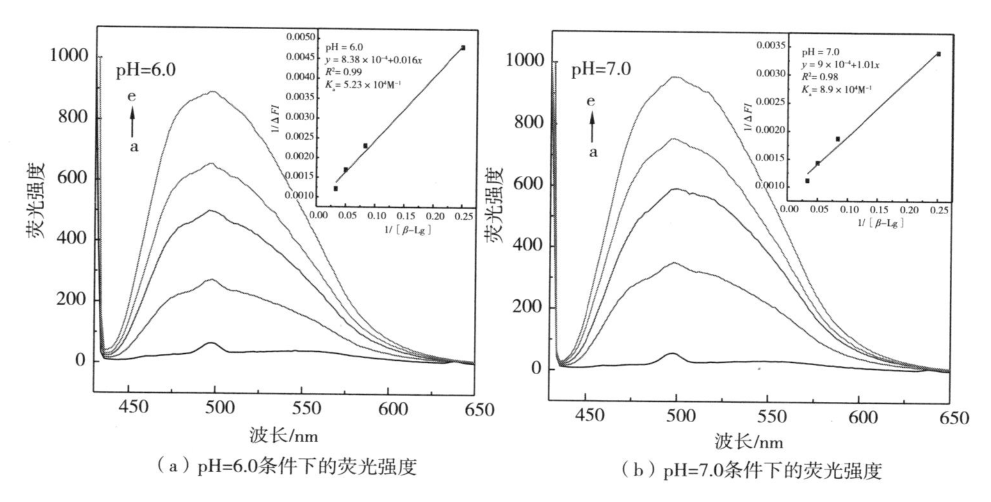

（a）pH=6.0条件下的荧光强度　　（b）pH=7.0条件下的荧光强度

图 4-9　姜黄素与不同浓度 β-Lg 反应后荧光光谱及其对应的回归曲线和方程

由图 4-9 可以看出，随着 β-Lg 浓度的增加（a→e，0~30μmol/L），姜黄素的荧光强度也不断增加，这说明姜黄素进入了更加疏水性的环境中。而且，在 pH=7.0 的条件下，姜黄素荧光强度增加的程度要高于 pH=6.0 时荧光强度的增加程度，说明姜黄素在 pH=6.0 和 pH=7.0 的条件下分别结合于 β-Lg 分子中不同的疏水部位。同时，在 pH=7.0 条件下，姜黄素与 β-Lg 的结合部位的疏水性要高于在 pH=6.0 条件下姜黄素与 β-Lg 结合部位的疏水性。姜黄素与 β-Lg 的结合常数可以通过式（4-6）得出。

$$1/\Delta FI = 1/\Delta FI_{max} + 1/K_a \Delta FI_{max}[\beta - Lg] \quad (4-6)$$

式中：ΔFI——姜黄素的荧光强度变化；

ΔFI_{max}——姜黄素的最大荧光强度变化；

K_a——结合常数；

［β-Lg］——蛋白质浓度。

根据荧光强度测定结果，并通过式（4-6）计算可得，在 pH=6.0 和 pH=7.0 条件下，姜黄素与 β-Lg 的结合常数分别是 $5.23\times10^4 M^{-1}$ 和

$8.90\times10^4M^{-1}$。这说明在不同 pH 条件下，姜黄素与 β-Lg 之间的作用力强度不同。在 pH = 7.0 时的 K_a 值更大，说明 β-Lg 在中性条件下比在酸性条件下与姜黄素结合的作用力更强；在中性条件下，β-Lg 与姜黄素结合部位的疏水性更高。

通过以上研究可知，不论是在酸性还是在中性条件下，姜黄素与 β-Lg 反应后都会形成复合物。β-Lg/CCM 复合物是由 1 分子姜黄素与 1 分子 β-Lg 通过疏水作用力结合。在 pH = 6.0 和 pH = 7.0 的条件下，姜黄素分别与 β-Lg 分子中不同的疏水部位结合，而且在 pH = 7.0 的条件下，姜黄素与 β-Lg 结合部位的疏水性更高，所以姜黄素与 β-Lg 之间的作用力更强。由 β-Lg 与小分子反应特点可知，在酸性条件下，EF 环处于关闭的位置，使疏水性小分子无法进入 Calyx 内部，而在 pH≥7 时，EF 环打开，使疏水性小分子能够进入。因此，结合以上研究结果可得，在 pH = 6.0 的条件下，姜黄素结合在 β-Lg 分子表面的疏水性区域；而在 pH = 7.0 的条件下，姜黄素进入了 β-Lg 分子的 Calyx 结构中。

4.3.4 姜黄素对 β-Lg 二级结构的影响

蛋白质的二级结构主要包括：α-螺旋、β-折叠、β-转角和无规则卷曲。有研究显示，傅里叶红外光谱分析蛋白质与小分子反应形成复合物前后的红外光谱变化发现，当小分子与蛋白质反应形成复合物后，会引起蛋白质二级结构发生一定程度的改变，从而导致蛋白质中各二级结构的含量发生变化。因此，实验通过分析 β-Lg 与姜黄素反应前后红外光谱的变化，以考察复合物形成时对 β-Lg 二级结构的影响。实验结果如图 4-10 所示。

从图 4-10 中可以看出，天然 β-Lg 各二级成分的含量为：α-螺旋 14%（$1660\sim1650cm^{-1}$），β-折叠 34%（$1640\sim1610cm^{-1}$），β-转角 21%（$1680\sim1660cm^{-1}$），无规则卷曲 17%（$1640\sim1650cm^{-1}$），β-反平行结构 14%（$1700\sim1680cm^{-1}$）［图 4-10（a）］。当 β-Lg 与姜黄素在

pH=6.0 条件下反应后，其二级结构的变化很小［图 4-10（b）］。α-螺旋和 β-折叠分别从 14%和 34%增加到 15%和 36%，无规则卷曲和 β-反平行结构分别从 17%和 14%降低到 15%和 13%。当 β-Lg 与姜黄素在 pH=7.0 条件下反应时，其二级结构发生了较明显的变化［图 4-10（c）］：α-螺旋从 14%增加到 29%；β-折叠从 34%增加到 38%；β-转角只有很小的增加，从 21%增加到 22%；β-反平行从 14%降低到 11%；在此条件下，无规则卷曲没有被检测出来。

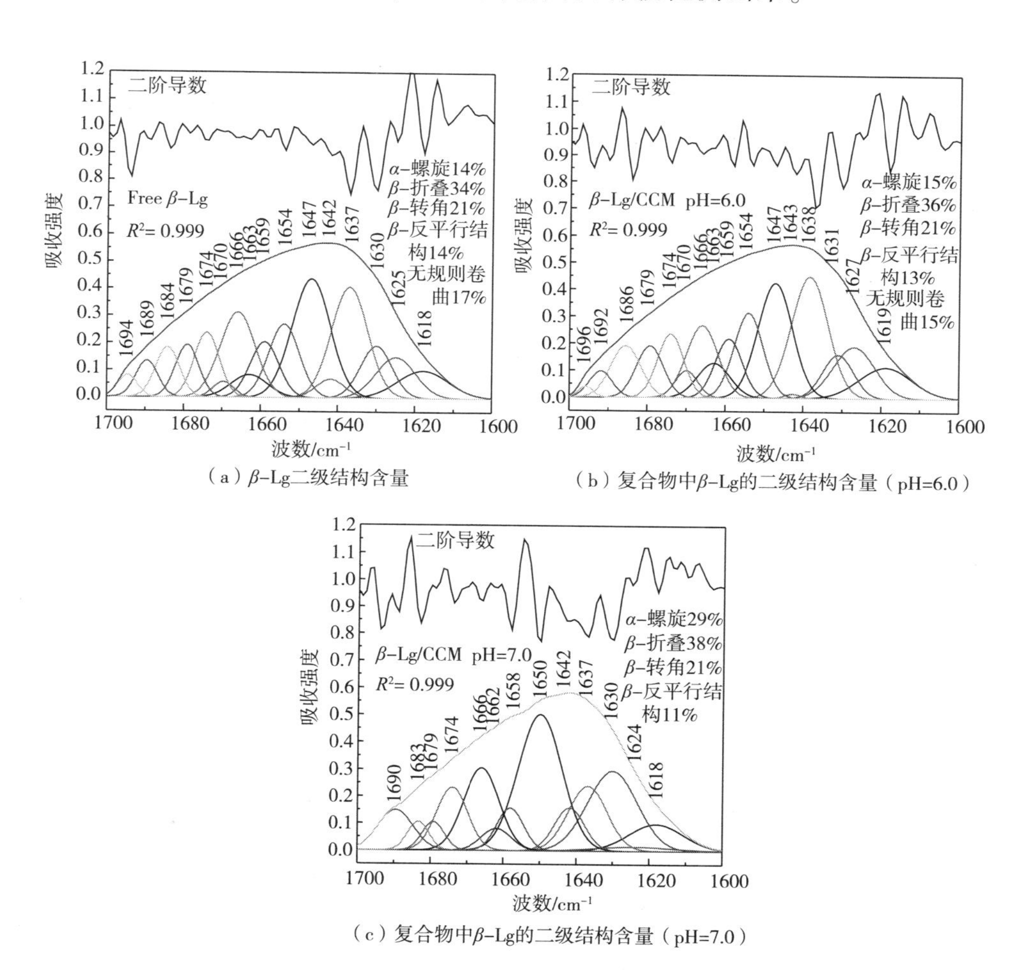

（a）β-Lg二级结构含量

（b）复合物中β-Lg的二级结构含量（pH=6.0）

（c）复合物中β-Lg的二级结构含量（pH=7.0）

图 4-10　在 1700~1600cm⁻¹ 范围内 β-Lg 及其姜黄素复合物的二阶导数曲线拟合结果

α-螺旋和β-折叠结构的增加表明了β-Lg在与姜黄素反应后，其二级结构发生了部分改变。而且，在pH=6.0和pH=7.0的条件下，蛋白质结构的变化程度也明显不同。这表明，在pH=6.0和pH=7.0的条件下，姜黄素会与β-Lg分子的不同部位发生结合反应，这也进一步证明了4.3.3中的结论。有文献报道，人血清白蛋白、牛血清白蛋白及抗体蛋白与姜黄素反应后，蛋白质的二级结构都发生了一定程度的改变。

4.3.5 β-Lg/CCM 复合物的结构特征

综合以上研究可知，在pH=6.0和pH=7.0的条件下，1分子姜黄素与1分子β-Lg通过疏水作用力分别与β-Lg分子中不同的疏水部位结合。而且，在pH=7.0的条件下，由于姜黄素与β-Lg结合部位的疏水性更高，所以姜黄素与β-Lg之间的作用力更强。根据β-Lg分子的结构特点可知，当pH<7时，β-Lg结构中的EF环处于关闭的位置，使得疏水性小分子无法进入Calyx内部；而在pH≥7时，EF环打开，使得疏水性小分子能够进入。因此，在pH=6.0的条件下，姜黄素结合在β-Lg表面疏水性区域；而在pH=7.0的条件下姜黄素结合在β-Lg分子的β-桶状内部区域，并且姜黄素对蛋白质的结构产生一定程度的影响。虽然姜黄素在酸性和中性条件下分别与β-Lg分子上的不同部位结合，但不同条件下的r值之间及E值之间的结果十分接近。因此，仅仅以荧光光谱法获得的r值与E值并不一定可以准确判断姜黄素与β-Lg的结合部位，只有结合多种检测分析手段才有利于阐明姜黄素与β-Lg之间的反应特性。

4.4 β-Lg/CCM 复合物的性质

利用β-Lg运载姜黄素的最终目的是提高姜黄素的生物利用率，但是β-Lg是一种蛋白质，在加工生产过程中易受到温度的影响，导致其结构发生改变甚至变性，从而影响β-Lg/CCM复合物产品的稳定性。此外，当β-Lg/CCM复合物被口服摄入后，其在人体消化道pH（2~8）环境下的稳定性直接影响姜黄素在人体中的吸收效果。因此，对β-Lg/CCM复合物热特性和不同pH下的稳定性的研究，将会为β-Lg/CCM复合物在加工、生产及应用等方面提供技术依据。另外，姜黄素具有很强的抗氧化活性，且姜黄素的许多生物学功能与其抗氧化性紧密相关，因此出现了许多对姜黄素的抗氧化机理的研究报道。但是，当姜黄素与蛋白质等大分子复合后，其抗氧化能力的变化还未见报道。考察姜黄素与β-Lg反应形成复合物后对其抗氧化活性的影响，也将有助于β-Lg/CCM复合物在食品和药品领域中的进一步应用。

4.4.1 β-Lg/CCM 复合物对姜黄素溶解性的影响

姜黄素几乎不溶于水，在水中的溶解度极低（11ng/mL 或 30nmol/L）。当姜黄素与1%β-Lg反应形成复合物后，其溶解度增加至175.5μg/mL，增加了15954.6倍。Tapal等人对姜黄素-大豆分离蛋白复合物的研究结果显示，姜黄素的溶解度提高了812倍。与该研究结果比较可知，当姜黄素与β-Lg复合后，其溶解度更高，说明β-Lg可能比大豆分离蛋白更适合作为姜黄素的载体，用以提高姜黄素的生物利用率。

4.4.2 β-Lg/CCM 复合物的热特性

β-Lg/CCM复合物热特性的研究结果如图4-11所示。

在食品加工过程中，热处理是许多食品加工工艺中不可缺少的环节。β-Lg作为β-Lg/CCM复合物的蛋白质载体，在食品加工中也一定会受到热处理过程的影响。β-Lg/CCM复合物在经过不同温度下的热处理后是否能够保持其复合物的完整性，主要取决于β-Lg分子的三级结构是否被破坏。如果β-Lg的三级结构被破坏，β-Lg将不再具有其

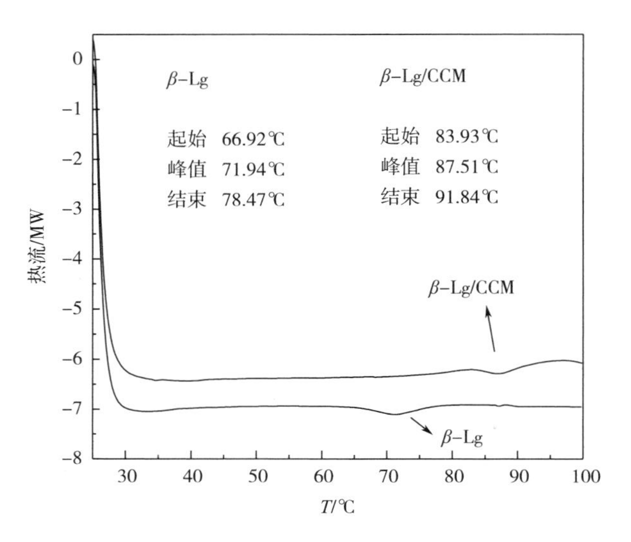

图 4-11 β-Lg 与姜黄素反应前后变性温度的变化

特殊的 Calyx 结构，可能会失去对姜黄素的运载作用。因此，本实验研究了 β-Lg 与姜黄素形成复合物前后其变性温度的变化，为复合物在食品加工中的应用提供技术参考。

由图 4-11 可知，天然 β-Lg 在 66.19℃开始形成负峰，在 71.60℃处峰值最低。而 β-Lg/CCM 复合物在 83.93℃开始出现负峰，在 87.51℃处峰值最低。天然 β-Lg 的 DSC 结果说明，当热处理温度达到 66.19℃时，天然 β-Lg 分子的多肽链开始伸展；当温度达到 71.60℃时，β-Lg 已经完全变性。Boye 等人的研究显示，在 β-Lg 浓度为 20g/100mL，升温度速度为 5℃/min，pH=7.0 的条件下，β-Lg 的变性温度为 71.90℃。其研究结果与本实验所得结果非常相近。另外，Wit 等人的研究也得出与本研究相近的变性温度（约 70℃）。这说明本实验所用条件和所得结果是可信的。而本实验所得峰形较小，是所用的样品浓度相对较低的原因。由 β-Lg/CCM 复合物的 DSC 结果可知，β-Lg 与姜黄素反应形成复合物，提高了 β-Lg 的热稳定性，当温度达到 83.93℃时，β-Lg 分子的多肽链才开始伸展，β-Lg 的变性温度从 71.60℃提高至 87.51℃。这可能是由于姜黄素通过疏水作用力与 β-Lg

形成复合物后，增加了β-Lg分子内部的疏水作用力，从而提高了β-Lg分子维持其三级结构的作用力。以上研究结果说明，对于含有β-Lg/CCM复合物的产品在进行热处理操作时，为了保持复合物的完整性，加热温度应该控制在80℃以下，以保证β-Lg对姜黄素的运载功能。

4.4.3 β-Lg/CCM 复合物的 pH 稳定性

当β-Lg/CCM复合物经口服进入人体消化道时，会经历pH值由2至8的环境变化。在这一变化范围内，β-Lg/CCM复合物能否保持其复合状态对姜黄素在小肠中的有效吸收具有重要影响。因此，本实验考察了不同pH值对β-Lg/CCM复合物稳定性的影响。实验结果如表4-2所示。

表 4-2 不同 pH 值下姜黄素的稳定性

时间/h	姜黄素保留量/%				
	pH = 2	pH = 3	pH = 6	pH = 7	pH = 8
0	100	100	100	100	100
3	98. 74±4. 20	99. 44±0. 03	97. 37±1. 98	98. 18±0. 29	98. 91±2. 09
6	97. 01±0. 02	98. 21±0. 01	96. 14±1. 38	96. 36±0. 57	97. 26±2. 77
9	96. 15±0. 02	97. 49±0. 49	95. 53±1. 66	95. 75±0. 86	95. 64±2. 30
12	95. 07±2. 73	96. 64±0. 81	95. 12±1. 66	95. 75±2. 00	95. 64±2. 30

注：在pH=4和pH=5时，β-Lg/CCM复合物溶液因接近β-Lg等电点，溶解性降低，复合物发生沉淀，而无法进行有效的定量测定，故结果未显示。

由表4-2可知，当姜黄素与β-Lg复合后，在pH=2~8的范围内，放置12h后姜黄素的保留量在95%以上，姜黄素的损失不到5%。Wang等人的研究结果显示，姜黄素在中性及碱性条件下很不稳定，在37℃下放置30min就会有90%的姜黄素发生降解。而本研究结果显示，经过12h后仅有5%的姜黄素损失。这说明β-Lg/CCM复合物的形成对姜黄素起到了保护作用，提高了姜黄素在不同 pH 条件下的稳定性。此外，在 pH=2～8 的范围内，β-Lg 结构是稳定的，说明在人体消化道环境下，其结构并不会因 pH 的变化而被破坏，从而可以保证 β-Lg/CCM 复合物在人体消化道 pH 条件下的完整性。另外，Tapal 等人在研究姜黄素-大豆分离蛋白复合物的稳定性时也得出了相似的结论。该研究结果显示，将姜黄素-大豆分离蛋白复合物分别溶于水、体外模拟胃液和体外模拟肠液中 24h 后，姜黄素的保留量在 80%以上。与该研究结果比较可知，当姜黄素与 β-Lg 复合后，其 pH 稳定性更高，说明 β-Lg 可能比大豆分离蛋白更适合作为姜黄素的载体，用以提高姜黄素的溶解度和生物利用率。

以上研究结果说明 β-Lg 是一种良好载体。在姜黄素与 β-Lg 复合后，其复合物在胃肠道环境下是比较稳定的。复合物的形成不仅提高了姜黄素的稳定性，而且增加了其溶解度。这将有利于扩大姜黄素的应用范围，同时提高姜黄素在肠道环境下的稳定性，延长在肠道中的滞留时间，促进机体对姜黄素的吸收，有利于提高姜黄素的生物利用率。

4.4.4 β-Lg/CCM 复合物的抗氧化能力

姜黄素的抗氧化活性与它的许多生物性有关。近年来，对姜黄素抗氧化活性及其抗氧化机理的研究已经有许多报道。Grzegorz 等人在总结前人的研究结果的基础上，进一步通过实验阐明了姜黄素的抗氧化机制。该研究认为，姜黄素是通过电子质子相继传递机制发挥其抗氧化功能的。在离子化溶剂中，如乙醇、甲醇、姜黄素主要以烯醇式结构存在，其中的烯醇式羟基比酚羟基更容易解离，使姜黄素以阴离子的形式存在，然后向自由基传递电子，自身转化成姜黄素自由基。由烯醇式结构转化而成的自由基基团具有很强的电负性，会促使酚羟基解离出质子，形成姜黄素阴离子自由基，再通过分子内重排最终形成稳定的姜黄素酚氧自由基。

Foti等人对几种酚酸物质及其酯化物的抗氧化能力的研究也证明了这种机制的存在。但是，如果反应是在非离子化溶剂如氯苯或含有有机酸的溶剂中进行，姜黄素的烯醇不能离子化，那么其抗氧化功能只能是依靠酚羟基直接向自由基提供氢原子来发挥，反应速率会大大降低。虽然，姜黄素的抗氧化机理已有许多报道，但姜黄素与蛋白质形成复合物后对其抗氧化活性的影响还未见报道。本实验通过ABTS自由基清除法、羟基自由基清除法和FRAP三种抗氧化能力检测方法研究姜黄素与β-Lg形成复合物前后抗氧化活性的变化，考察了复合物的抗氧化活性及其对姜黄素抗氧化活性的影响。

4.4.3.1 β-Lg/CCM清除ABTS自由基的能力

ABTS在氧化剂作用下氧化成绿色的ABTS·$^{+}$，而抗氧化物会抑制ABTS·$^{+}$的产生，在734nm或405nm测定ABTS·$^{+}$的吸光度即可检测样品的总抗氧化能力。姜黄素与β-Lg反应前后的ABTS·$^{+}$清除能力如图4-12所示。

由图4-12可知，在pH=7.0的条件下，姜黄素的抗氧化能力高于酸性条件（pH=6.0）下的抗氧化能力。这主要是由于在酸性条件下姜黄素的SPLET抗氧化机制不会发生，而仅仅是通过速率相对很慢的质子传递来发挥其抗氧化活性。同时测定结果显示，β-Lg对ABTS自由基也具有很强的清除能力，而且在与姜黄素浓度相同的条件下，β-Lg清除ABTS自由基的能力高于姜黄素，并且其抗氧化能力随着浓度的增加而增加。在pH=7.0时，β-Lg清除自由基的能力也高于酸性条件（pH=6.0）时的抗氧化能力。这是因为β-Lg的抗氧化活性主要来自于其分子中的游离巯基。在中性条件下抑制了β-Lg分子中巯基的解离，而在酸性条件下，巯基的解离受到一定程度的抑制。因此，在中性条件下，β-Lg的抗氧化能力较在酸性条件下的抗氧化能力更高。

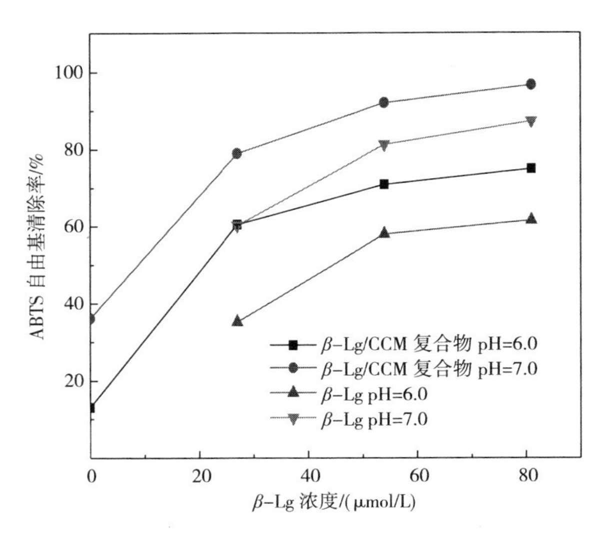

图 4-12　不同 β-Lg 浓度对姜黄素及其复合物清除 ABTS 自由基的影响

当姜黄素按照摩尔比 1∶1 与 β-Lg 形成复合物后，复合物的抗氧化能力显著高于姜黄素和 β-Lg 单独使用时的抗氧化能力，但在数值上却低于姜黄素和 β-Lg 单独使用时所得数值之和。这说明当姜黄素与 β-Lg 形成复合物后，姜黄素的抗氧化能力有所下降。这主要是因为姜黄素是通过疏水作用力结合于 β-Lg 分子中的疏水性区域，阻碍了姜黄素与自由基的接触，相当于降低了姜黄素的有效浓度，导致姜黄素的抗氧化能力下降。当姜黄素按照摩尔比 1∶2 和 1∶3 反应后，复合物的抗氧化能力的进一步提高，是由于 β-Lg 浓度上升导致的。

4.4.3.2　β-Lg/CCM 清除羟基自由的基能力

姜黄素及其 β-Lg 复合物的羟基自由基清除能力测定结果如图 4-13 所示。

过氧化氢与二价铁离子反应生成的羟基自由基会与 2-脱氧核糖进一步反应生成丙二醛，丙二醛再与硫代巴比妥反应生成粉红色化合物，并在 532nm 下有最大吸收峰。当有抗氧化剂存在时，丙二醛的产生受到抑制，粉红色化合物生成量减少，该波长处的吸光度就会降低。

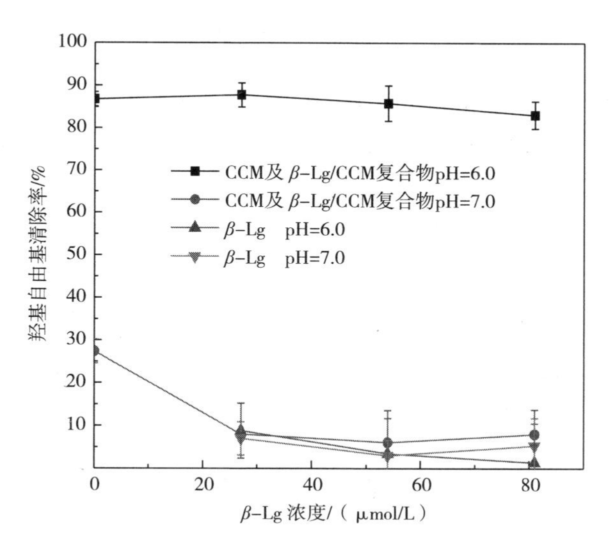

图 4-13　不同 β-Lg 浓度对姜黄素及其复合物清除羟基自由基的影响

由图 4-13 可知，在与 β-Lg 形成复合物之前，姜黄素在酸性条件下清除羟基自由基的能力高于其在碱性条件下，这一结果与 SPLET 抗氧化机制不符，其原因主要是在测定过程中，样品之间反应的时间较长（37℃，4h），导致姜黄素在中性条件下降解所致。此外，不论在酸性还是在中性条件下，β-Lg 清除羟基自由基能力的测定结果都很低，说明 β-Lg 清除羟基自由基的能力较弱。当姜黄素与 β-Lg 反应形成复合物后，在酸性条件下，姜黄素清除羟基自由基的能力随着蛋白质浓度的上升而出现下降的趋势；在中性条件下，姜黄素的抗氧化能力也随着蛋白质浓度的上升而显著下降。这是因为姜黄素与 β-Lg 分子中的区域结合后阻碍了姜黄素与自由基的接触，导致姜黄素的抗氧化能力下降。因此，当姜黄素与 β-Lg 反应形成复合物后降低了姜黄素清除羟基自由基的能力。

4.4.3.3　β-Lg/CCM 的总还原力（FRAP）

抗氧化剂会将赤血盐［$K_3Fe(CN)_6$］还原成黄血盐［$K_4Fe(CN)_6$］，黄血盐与 Fe^{3+} 作用生成普鲁士蓝，普鲁士蓝在 700nm 处有最大吸光值，在此波长处测定吸光值以检测普鲁士蓝的生成量，吸光值越高，普鲁士蓝含量越高，表示抗氧化剂还原力越强。姜黄素及其β-Lg复合物的总还原力测定结果如图4-14所示。

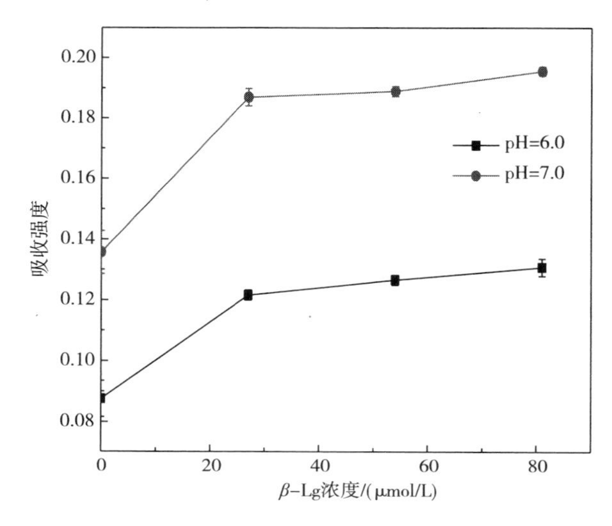

图4-14　不同β-Lg浓度对姜黄素及其复合物总还原力的影响

Prior等人认为FRAP法不能检测出因有巯基而表现出抗氧化性的蛋白质的抗氧化能力，因为FRAP法的原理是抗氧化剂将Fe^{3+}还原成Fe^{2+}，其抗氧化机制是电子传递机制，而巯基化合物的抗氧化机制是通过质子传递进行的。β-Lg的抗氧化活性主要来自分子中的巯基，因此FRAP法不会检测出β-Lg的抗氧化活性。由姜黄素的抗氧化机理可知，姜黄素是通过SPLET机制完成抗氧化作用的。姜黄素首先失去电子，并将电子传递给氧化物或自由基，然后自身转化成姜黄素自由基，由烯醇式结构转化而成的自由基基团具有很强的电负性，会促使酚羟基解离出质子，形成姜黄素阴离子自由基，再通过分子内重排最终形成稳定的姜黄素酚氧自由基。因此FRAP法不仅可以用来考察姜黄素还原力，还可以用来考察姜黄素与β-Lg反应形成复合物后对其总还原力的影响。

从图 4-14 中可以看出，姜黄素在 pH＝7.0 的条件下其抗氧化能力要高于在 pH＝6.0 时的抗氧化能力，而且当姜黄素与 β-Lg 结合后，姜黄素的抗氧化能力会显著提高，而 β-Lg 浓度的增加对样品的总还原力并没有显著的影响，样品的总还原力并没有因为 β-Lg 浓度的上升而显著提高（$P>0.05$）。这一结果表明 β-Lg 在该测定方法中并没有表现出还原能力，从而证实了 Prior 等人的结论。姜黄素在中性条件下的总还原力高于酸性条件下的总还原力可以由 SPLET 机制解释。在酸性条件下，姜黄素的 SPLET 抗氧化机制不会发生，而仅仅是通过速率相对很慢的质子传递来发挥其抗氧化活性。但是，当姜黄素与 β-Lg 反应形成复合物后，其抗氧化能力显著提高，说明姜黄素与 β-Lg 复合后促进了其对 Fe^{3+}的还原，这可能是由于姜黄素与 β-Lg 复合后加快了姜黄素与 Fe^{3+}之间的电子传递，但是这一作用机制还需要进一步的深入研究。

4.5　本章小结

通过荧光淬灭和傅里叶红外光谱法证明每分子 β-Lg 通过疏水作用力与 1 分子姜黄素结合，而且姜黄素的结合会对蛋白质的二级结构产生一定程度的影响。在 pH＝6.0 的条件下姜黄素结合在 β-Lg 表面疏水性区域，而在 pH＝7.0 的条件下姜黄素结合在 β-Lg 内部 β-桶状区域。并且，由于 β-桶状内部的疏水性更强，姜黄素与 β-Lg 分子的 β-桶状区域结合的作用力更强。

β-Lg/CCM 复合物的形成不仅提高了 β-Lg 的热稳定性，还使姜黄素的溶解度提高了 1590 多倍。而且，复合物在不同的 pH 条件下具有比较好的稳定性。同时也提高了姜黄素在不同 pH 条件下尤其是在中性和碱性条件下的稳定性。抗氧化实验证明 β-Lg/CCM 复合物的形成降低了姜黄素清除自由基的能力，但却提高了还原 Fe^{3+}的能力。

第 5 章　姜黄素纳米乳化体系制备及其稳定性的研究

5.1　引言

虽然姜黄素具有多种生物活性。但由于姜黄素不溶于水，酸性条件下不溶，在中性及碱性条件下不稳定，而大大降低了其吸收率。为了提高姜黄素的生物利用度，研究者们通过制备姜黄素环糊精包合物、纳米微粒、微胶束、脂质体等手段来达到这一目的。

利用乳化体系运载脂溶性成分已在食品、医药、化工等多种行业中被广泛采用。尤其是纳米乳化体系因其分散相的粒度小，使体系具有较高的热力学稳定性，从而有利于提高产品的品质。同时，也因其分散相的粒径达到纳米级水平，延长了食品或药物在肠道中的滞留时间，促进小肠吸收，提高有效成分的血药浓度，从而提高人体对活性成分的生物利用率。

牛乳清蛋白（whey protein，WP）是干酪生产的副产物。乳清蛋白质主要是由 β-乳球蛋白、α-乳白蛋白、牛乳血清白蛋白、免疫球蛋白和乳铁蛋白组成，具有很高的营养价值，而且，WP 具有良好的乳化性能，在乳制奶油和鲜干酪这类食品中常作为乳化剂使用。因此，本研究利用乳清分离蛋白为乳化剂制备姜黄素纳米乳化液，以期达到提高姜黄素生物利用率的目的。但是，当以蛋白质作为乳化剂制备乳化液时，乳化体系的稳定性往往会受到 pH、离子强度和温度的影响。为了提高蛋白质乳化液的稳定性，采用多糖和蛋白质共同配合制备双层乳化液。在双层乳化体系中，多糖的引入会在分散相表面形成一层“发层”，一方面会增加分散相表面的电荷，增加分散相之间的静电斥力；另一方面又会增大分散相之间的空间阻力，同时提高溶液的黏度。这两方面的作用提高了蛋白质乳化液在其等电点、高离子强度及高温处理条件下的稳定性。有研究显示，ι-卡拉胶是一种电负性很强的多糖，即使在酸性条件下也具有较强的电负性。这一特点使ι-卡拉胶比其他多糖更容易和蛋白质分子中的带正电的基团相互作用，通过静电引力形成双层乳化液。

本实验采用牛乳清分离蛋白为乳化剂，以乳化液的粒度、浊度、黏度和离心稳定性为考察指标，通过研究得出姜黄素纳米乳化液的最佳的工艺参数，探讨纳米乳化体系的形成机制及在不同条件下的稳定性。同时，考察了ι-卡拉胶对纳米乳化液物理特性及其稳定性的影响。

5.2 姜黄素在不同类型油脂中的溶解度

姜黄素不溶于水，所以在乳化液制备之前需要将姜黄素溶于油脂中，为了尽可能地提高姜黄素在乳化液中的浓度，提高乳化体系的载药量，实验中选择了市场上常见的几种食用油作为油相，考察了姜黄素在不同植物油及中链甘油三酯中的溶解度，结果如表5-1所示。

表5-1 姜黄素在不同油脂中的溶解度

油脂种类	溶解度/($g \cdot L^{-1}$)
橄榄油	0.57±0.001
芝麻油	0.58±0.001
调和油	0.60±0.0007
大豆油	0.68±0.001

续表

油脂种类	溶解度/(g·L^{-1})
亚麻籽油	0.72±0.0011
玉米油	0.77±0.0007
玉米油	2.97*±0.0013
中链甘油三酯	10*±0.003

注：*该数据为玉米油和中链甘油三酯分别加热至 120℃时所得姜黄素的溶解度；其他数据为油脂加热至 60℃所得姜黄素溶解度。

由表 5-1 可知，姜黄素在不同植物油中的溶解度由小到大依次是：橄榄油<芝麻油<调和油<大豆油<亚麻籽油<玉米油。其中，姜黄素在玉米油中的溶解度最大，其溶解度为 0.77g/L。为了进一步提高姜黄素在玉米油中的溶解度，实验中首先将姜黄素分散于玉米油中，然后在搅拌的条件下加热至 120℃，冷却至室温后测得姜黄素的溶解度为 2.97g/L。而在相同条件下，姜黄素在中链甘油三酯中的溶解度可达 10g/L，显著高于姜黄素在玉米油中的溶解度，而且当样品冷却至室温时，并没有姜黄素析出。这说明中链甘油三酯作为姜黄素在乳化液中的油相载体会显著提高乳化液的载药量，从而有利于提高姜黄素的吸收率。

此外，由中链甘油三酯和不同植物油的氧化稳定性研究可知，中链甘油三酯的氧化稳定性更好。在刘小杰等人的报道中指出，与普通的油脂和氢化油脂相比，中链甘油三酯中不饱和脂肪酸的含量极低，氧化稳定性非常好。而且，中链甘油三酯在高温和低温下特别稳定，经过长时间煎炸后，普通的植物油因发生聚合反应而变稠，透明度降低；而中链甘油三酯的黏度仅略有增加。相对于植物油和动物油，中链甘油三酯是目前氧化稳定性最好的食用油，在贮存过程中无须加入特丁基对苯二酚（TBHQ）等抗氧化剂，在室温下其货架寿命可达 30 年。除了具有良好的氧化稳定性外，中链甘油三酯还具有黏度低、代谢快、脂肪组织沉积少、不增加肝负荷等优点，被广泛应用在婴幼儿食品、运动食品中。同时，因中链甘油三酯在人体内易消化吸收，在血液中的清除速度较快，且对血液中葡萄糖和胰岛素浓度没有不良影响等特点，中链甘油三酯也适合用作手术后、感染和皮肤烧伤病人及患有脂肪吸收不良、艾滋病、癌症病人和糖尿病人的食品。美国食品药品监督管理局（FDA）在1994年宣布中链甘油三酯为“一般公认安全”（GRAS）的物质，说明在正常的摄入量范围内，中链甘油三酯是一种安全的食品。

综上所述，为了提高姜黄素在油脂中的溶解度，需要将油脂加热到较高的温度。中链甘油三酯较其他植物油具有更好热稳定性，可以避免高温引起的油脂氧化，从而保持乳化液的品质，延长保持期。因此，选择中链甘油三酯作为乳化液中的油相溶解姜黄素以制备纳米乳化体系，不仅提高了姜黄素在乳化体系中的载药量，也丰富了产品保健功能，扩大了姜黄素纳米乳化液的应用范围。

5.3 姜黄素纳米乳化体系的制备

实验中所研究的姜黄素纳米乳化体系是由姜黄素/乳清蛋白（CCM/WP）纳米乳化液和ι-卡拉胶组成。首先，以乳清蛋白为乳化剂，以含有姜黄素的中链甘油三酯为油相制备纳米乳化液；分别研究乳清蛋白浓度，均质压力及油水比对乳化液粒度、浊度、黏度和离心稳定性的影响，得出CCM/WP纳米乳化液的最佳工艺参数。其次，根据最佳工艺参数制备CCM/WP纳米乳化液，并在CCM/WP纳米乳化液中加入ι-卡拉胶，形成姜黄素纳米乳化体系，并进一步考察ι-卡拉胶对纳米乳体系粒度、浊度等物理特性的影响，以探讨ι-卡拉胶的存在是否能够促进姜黄素纳米乳化体系稳定性的提高。在预实验中发现，当均质次数超过3次后，会导致均质温度的上升，从而引起乳化液粒度增加和稳定性下降。因此，在以下实验中将均质次数固定在 3 次。

5.3.1　乳清蛋白质浓度对乳化液物理特性的影响

在高压均质过程中，会产生大量的油滴，而蛋白质浓度的大小决定了是否有充足的蛋白质分子能够迅速地吸附到新生成的油滴的表面，从而防止油滴再次聚集，以获得稳定的乳化体系。实验中固定均质压力为 40MPa，油水比为 20%（*V/V*），均质循环为 3 次，考察连续相中蛋白浓度为 0.5~10g/100mL 时对乳化液粒度、浊度、黏度和离心稳定性的影响。实验结果如图 5-1 所示。

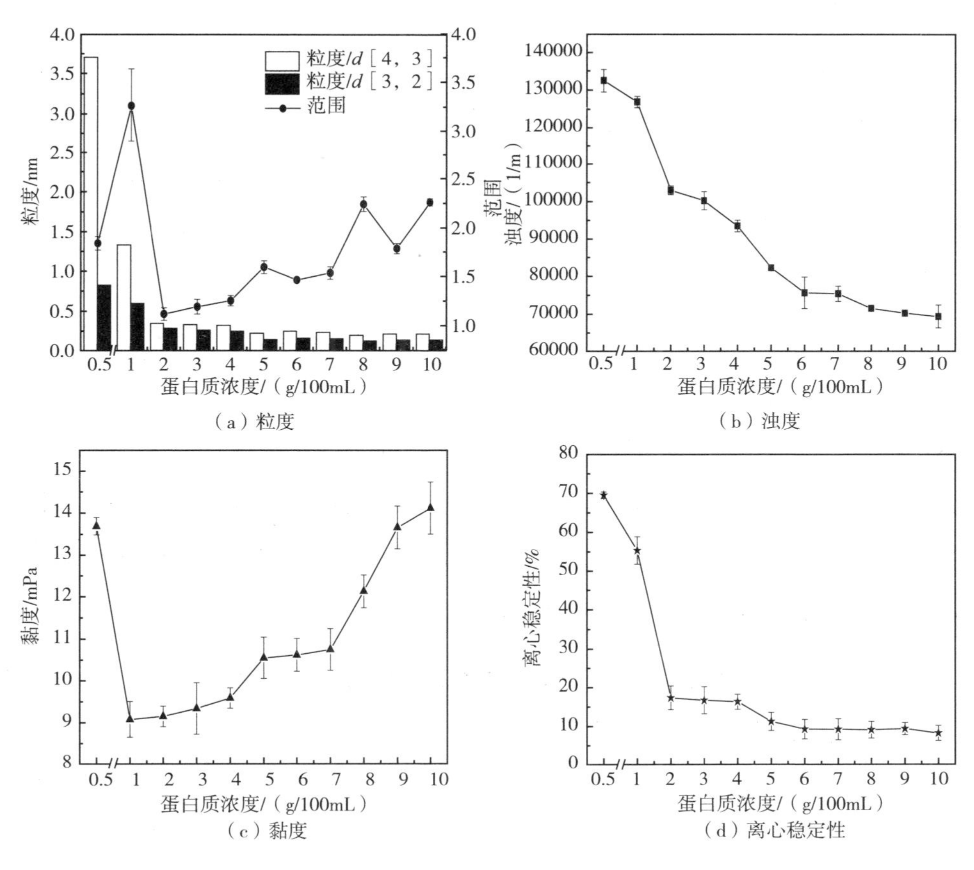

图 5-1　蛋白质浓度对乳化液物理特性的影响

图 5-1（a）中显示了在不同蛋白浓度下乳化液粒度的变化。其中 *d*［4，3］代表体积平均粒径，*d*［3，2］代表表面积平均粒径。在不同的蛋白质浓度下，乳化液的粒度范围在 3.70~0.20μm，乳化液的粒度随蛋白浓度的增加而降低。乳化液的粒径分布情况可由跨度值表示，跨度值越大，说明乳化液中分散相的粒径分布越宽。由表 5-2 可知，当蛋白质浓度达到 1g/100mL 时，乳化液的粒径分布最宽，当蛋白质浓度达到 2g/100mL 时，跨度值最低，当蛋白质的浓度进一步提高时，跨度值随蛋白质浓度的增加而出现上升的趋势。

乳化液的粒度随蛋白浓度的增加而降低的原因是，随着蛋白浓度的增加，均质过程中会有足够的蛋白质迅速吸附到新产生的油滴表面，使油滴之间产生静电斥力和空间阻力，阻止了油滴因相互碰撞而重新聚合。此外，蛋白浓度的增加也会增加乳化液的黏度，降低了分散相的运动速率，从而进一步阻止了分散相之间的聚合。这一结论也可从黏度变化结果中看出［图 5-1（c）］。随着蛋白质浓度的增加，乳化液的黏度也随之增加。

当蛋白质浓度分别在 0.5g/100mL 和 1g/100mL 时，乳化液的粒度显著高于其他乳化液样品的粒度。这主要是因为，在这两个蛋白浓度条件下，蛋白质分子的数量不足以完全覆盖均质过程中新产生的油滴表面，而使油滴重新聚合，粒度增加。当蛋白质浓度在 1g/100mL 时，乳化液的粒度小于蛋白质浓度在 0.5g/100mL 时的粒度，但其跨度值却较高。这一结果可由表 5-2 中的结果说明。

表 5-2　不同蛋白浓度条件下乳化液的粒径分布

蛋白浓度/（g·100mL^{-1}）	d_{10}/nm	d_{50}/nm	d_{90}/nm
0.5	281±1.91	3901±1.03	7255±4.71
1	265±3.82	896±1.51	3188±6.72
2	174±7.44	331±2.72	544±1.24
3	152±1.51	319±4.85	531±2.12

续表

蛋白浓度/(g·100mL^{-1})	d_{10}/nm	d_{50}/nm	d_{90}/nm
4	138±3.11	309±8.21	525±3.73
5	70±5.13	210±1.34	409±6.03
6	74±7.02	251±1.83	441±8.51
7	73±8.63	229±2.33	424±1.12
8	65±9.62	143±2.61	385±1.34
9	68±1.03	186±2.72	401±1.35
10	66±1.04	136±2.71	374±1.33

由表5-2可知，当蛋白质浓度在0.5g/100mL时，乳化液的粒径大小主要分布在微米级范围，乳化液的粒度虽大，但粒度分布相对较窄。当蛋白质浓度达到1g/100mL时，乳化液的粒度开始从微米级向纳米级过度，乳化液不仅平均粒度大，而且粒度分布也较宽。当蛋白质浓度达到2g/100mL时，乳化液的粒度完全达到了纳米级水平，其粒度分布也比较均匀，跨度值最小。当蛋白质浓度大于2g/100mL时，乳化液的平均粒度不断减小，但跨度值出现不断上升的趋势。由表5-2中d_{10}的变化可知，随着蛋白质浓度增加，d_{10}不断减小。当蛋白质浓度大于5g/100mL时，虽然乳化液的平均粒度没有发生明显变化，但乳化液中粒度小于100nm的分散相比例越来越大，导致乳化液的跨度值越来越大。当蛋白浓度大于5g/100mL时，粒度没有发生明显变化的原因可能是由于油滴表面的蛋白质已经达到饱和，在均质压力不变的条件下，增加蛋白质浓度对分散相的粒度不再有明显的影响。乳化液的粒度随蛋白浓度的增加而降低的这一趋势也可从乳化液的浊度变化中看出。由图5-1（b）可知，随着粒度的减小，乳化液的浊度也随之下降。这是因为，在油相体积固定不变的条件下，分散相的粒度越小，乳化液的透明度越高。因此，在均质压力、油相体积等条件固定不变的前提下，乳化液的浊度随着乳化液粒度的减小而下降。

图5-1（c）中显示了蛋白浓度对乳化液黏度的影响。在1~10g/

100mL 蛋白浓度范围内，乳化液的黏度随蛋白浓度的增加而增加。但是，当蛋白质浓度在 0.5g/100mL 时，乳化液的黏度却显著上升。在 1~10g/100mL 蛋白浓度范围内，乳化液黏度上升是因为蛋白质浓度的增加。蛋白质是一种生物大分子，在溶液中以胶体状态存在，溶液的黏度会随着蛋白质浓度的增加而上升。当蛋白质浓度在 0.5g/100mL 时，由于蛋白质浓度较低，均质过程中蛋白质分子不能完全覆盖油滴表面而引起油滴再次聚合，分散相粒度显著增加，导致乳化液黏度上升。

由图 5-1（d）可以看出，随着蛋白质浓度的增加，离心稳定性常数（K_e）值随之减小，说明乳化液的离心稳定性不断提高。其原因可能有两点：①随着蛋白浓度的增加，乳化液的黏度也不断增加，降低了分散的运动速度，阻止了分散之间的碰撞聚合，抵制了因油相的上浮而引起的乳化液分层，从而提高了乳化液的离心稳定性；②由于粒度不断减小至纳米级水平，使分散相的布朗运动速率大于分散相的上浮速率，从而提高了乳化液的离心稳定性。但是，当蛋白浓度在 0.5g/100mL 和 1g/100mL 时，K_e 很高，说明这两个乳化液的离心稳定性很低。这主要是因为分散的粒度较大（1~4μm）导致乳化液容易分层，从而降低了乳化液的离心稳定性。另外，乳化液制备后，在室温下放置一周，观察其外观状态时发现，0.5g/100mL 和 1g/100mL 的两个样品都出现了较明显的分层，而其他样品没有出现分层。

根据图 5-1 结果可知，当乳清蛋白浓度在 2~10g/100mL 范围时，乳化液的粒度达到了纳米级，而且当乳清蛋白浓度超过 5g/100mL 时，乳化液的粒度没有显著的变化（$P>0.05$）且具有良好的离心稳定性，因此，选择 5g/100mL 的乳清蛋白浓度制备姜黄素纳米乳化液。

5.3.2 均质压力对乳化液物理特性的影响

均质压力对乳化液物理特性影响的实验结果如图 5-2 所示。

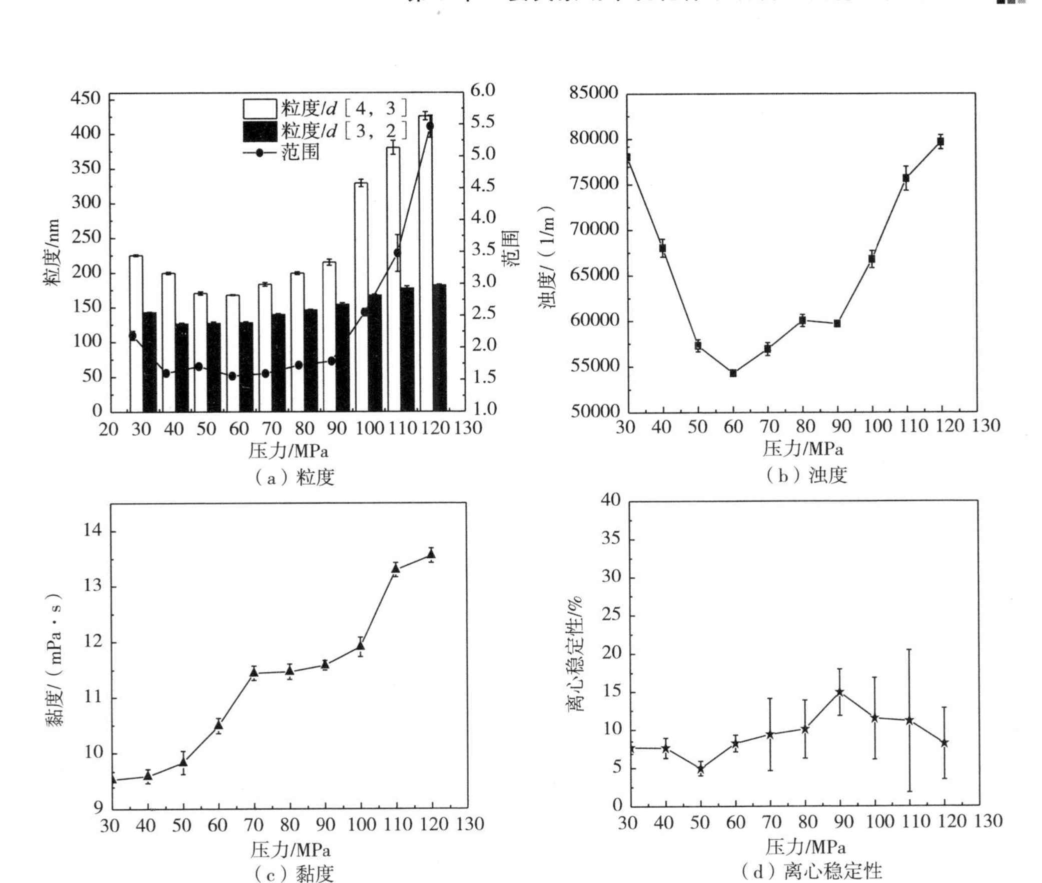

（a）粒度　（b）浊度　（c）黏度　（d）离心稳定性

图 5-2　均质压力对乳化液物理特性的影响

在均质的过程中，均质压力决定了油滴粒度的大小。在不考虑温度影响的前提下，均质压力越大，产生的剪切力越大，新生成的油滴的粒度越小。实验中，固定连续相中乳清蛋白浓度为 5g/100mL，油水比 20%（V/V），均质循环 3 次，考察均质压力在 30~120MPa 范围内对乳化液粒度、浊度、黏度和离心稳定性的影响。

图 5-2（a）中显示了乳化液粒度随均质压力变化的影响。当均质压力为 30~60MPa 时，乳化液的粒度随均质压力的增加而降低；但是，当压力 > 60MPa 时，乳化液的粒度却随着压力增加而增加。均质压力为 30~60MPa 时，粒度的下降可以用 Taylor 方程来解释：$\alpha \approx \sigma/(\eta_c \gamma)$，其中 α 代表粒径，σ 表示表面张力，η_c 代表连续相的浓

度，γ 代表与均质压力有关的剪切速率。从公式中可以得出，剪切速率越高，所得的乳化液的粒度也就越小。本实验中所用的蛋白质浓度和油相体积是固定的，因此连续相的黏度和表面张力不变，均质压力越大，向溶液中输入的剪切力也就越大，所得乳化液的粒度也就越小。

但是，当均质压力大于 60MPa 时，乳化液的粒度却开始增加。这可能是由于，随着均质压力的提高，均质温度也随之增加，导致蛋白质多肽链之间的疏水作用力增加，从而引起分散相开始聚集。有研究显示，在乳化的过程中，球状蛋白质会吸附到油水界面上，并发生分子重排，蛋白质分子中疏水性基因进入油相，亲水性基团伸入到连续相，此时的乳清蛋白质分子结构是介于天然和变性之间的一种状态。因此，并不是所有的疏水基团都进入油相，这使得吸附在油滴上的蛋白质层表面仍然存在一定量的疏水性区域，而分子间的疏水作用力与温度的上升成正比。因此，当温度随着均质压力的提高而上升时，在高压和高温的共同作用下，分散相之间则可以通过吸附在其表面上的蛋白质分子之间的疏水作用力相互聚集。Euston 等人的研究显示，在加热引起的分散相聚集过程中，存在于连续相中的、未吸附的变性蛋白质可以通过疏水作用力与分散相表面的蛋白质疏水性区域结合，而且这一反应的速度要高于分散相微粒之间的聚集速度。因此，连续相中未吸附的变性蛋白质起着类似“胶水”的作用，将分散连接到了一起。本实验所使用的乳清蛋白产品本身就含有一定量的已变性蛋白质，因此在均质过程中，在高压和高温的作用下，这些变性蛋白质在分散相聚集过程中可能也起着一定的作用。

在不同均质压力的条件下，乳化液粒度的分布与平均粒度具有相似的变化趋势，其结果如表 5-3 所示。在 5g/100mL 的蛋白质浓度条件下，乳化液的粒度分布在纳米级范围内，其中，d_{10} 在 50～90nm，d_{50} 在 100～300nm，d_{90} 在 300～800nm，因此，在不同均质压力的条件下，乳化液粒度分布的变化主要取决于乳化液平均粒度的变化。此外，乳化液粒度的变化也可以从其浊度的变化中反应出来［图 5-2（b）］。当均质压力低于 60MPa 时，乳化液的浊度因粒度的减小而不断降低，当压力大于 60MPa 时，乳化液的浊度因分散聚集而上升。

表 5-3　不同均质压力条件下乳化液的粒径分布

均质压力/Mpa	d_{10}/nm	d_{50}/nm	d_{90}/nm
30	66±0.41	149±5.15	388±1.33
40	71±0.83	217±6.81	419±3.71
50	72±1.01	143±3.43	313±3.63
60	73±1.03	143±2.13	300±2.92
70	81±0.52	156±2.02	328±6.23
80	82±1.23	162±5.91	361±13.94
90	85±1.04	178±4.03	402±7.81
100	87±0.51	192±2.74	585±17.95
110	89±1.43	211±6.13	786±71.53

由图 5-2（d）可知，在整个均质压力范围内，所得乳化液样品的离心稳定性常数 K_e 值都小于 20%，而且数值之间没有显著的差异（$P>0.05$），说明所有样品都具有较好的离心稳定性。这一现象可以从粒度的变化及黏度的变化做出解释［图 5-2（a）和（c）］。当均质压力小于 60MPa 时，由于粒度很小，从而使乳化液具有良好的离心稳定性。当均质压力大于 60MPa 时，由于分散聚集导致的黏度增加降低了分散相的运动速率，从而抑制了乳化液的分层，提高了乳化液的离心稳定性。为了进一步得到均质压力对乳化液物理状态的影响，我们将不同压力下制备的乳化液在室温放置一周后观察，结果发现，随着均质压力的增加，乳化液的黏度也不断提高，当压力达到 70MPa 时样品形成了类似凝胶的状态。为了得到具有良好稳

定性和微小粒度的姜黄素纳米乳化液，根据图 5-2 所得结果，选择 60MPa 的高压均质压力制备姜黄素纳米乳化体系。

5.3.3 油水比对乳化液物理特性的影响

油水比的大小决定了乳化体系中分散相所占体积的大小。油水比对乳化液的物理特性有着显著的影响，甚至会改变乳化液的类型。实验中，固定连续相中的蛋白浓度为 5g/100mL，均质压力 60MPa，均质循环 3 次，考察油水比在 5%～50%（V/V）范围内对乳化液粒度、浊度、黏度和离心稳定性的影响，研究结果如图 5-3 所示。

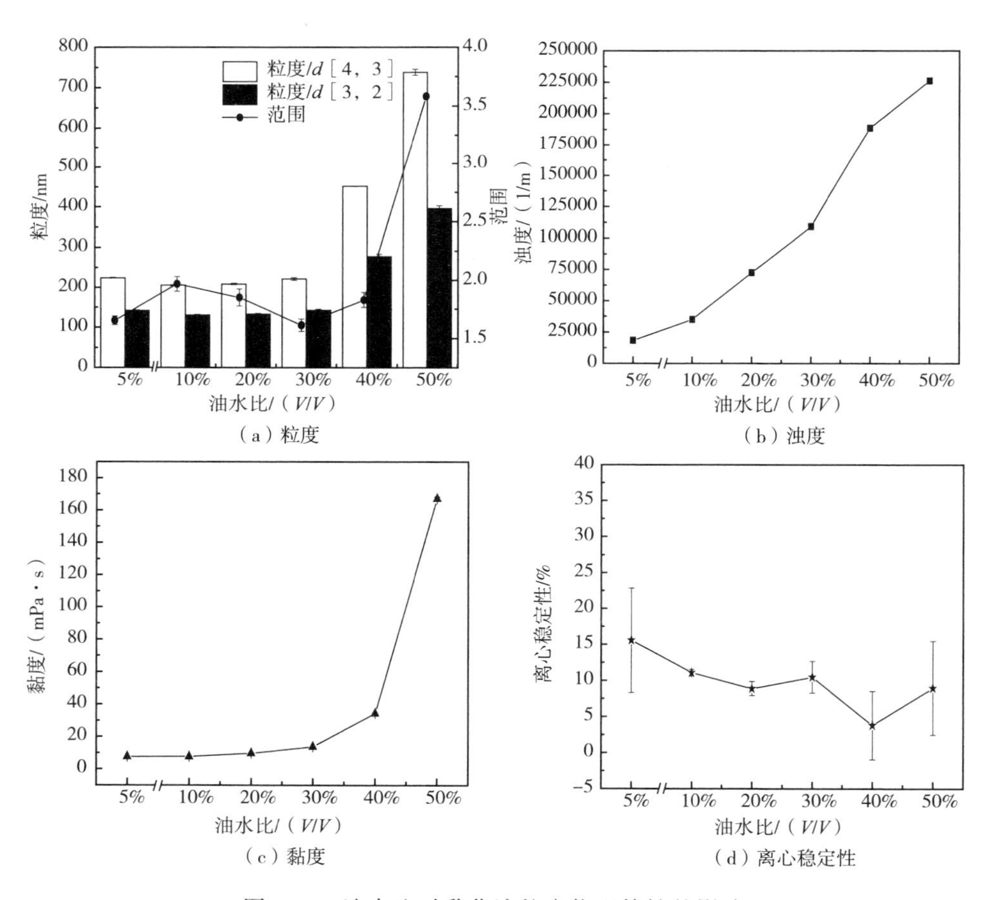

（a）粒度　（b）浊度

（c）黏度　（d）离心稳定性

图 5-3　油水比对乳化液粒度物理特性的影响

图 5-3（a）中显示了油水比对乳化液粒度的影响。当油水比小于40%时，乳化液的粒度没有明显的变化。但当油水比≥40%时，乳化液粒度显著增加。这可能是因为，当油水比小于 40%时，在均质过程中有足够的蛋白质分子迅速吸附到油滴表面，阻止了油相的重新聚合。当油水比≥40%时，均质过程中新产生的分散相数量很多，此时没有足够数量的蛋白质分子能够充分覆盖分散相表面，导致油滴重新聚合引起粒度增加。

在不同油水比的条件下，乳化液粒度的分布与平均粒度也具有相似的变化趋势，其结果如表 5-4 所示。当油水比由 5%增加至 50%时，乳化液的粒度分布由纳米级进入到了微米级范围，其中，d_{10} 由 67nm 增加至 204nm，d_{50} 由 177nm 增加至 439nm，d_{90} 由 392nm 增加至 1775nm，因此，随着油水比的提高，乳化液的平均粒度不断上升，粒度分布范围也随之增加。

表 5-4　不同油水比条件下乳化液的粒径分布

油水比/%	d_{10}/nm	d_{50}/nm	d_{90}/nm
5	70±0.61	209±2.61	415±4.71
10	67±0.43	166±5.53	392±1.63
20	67±0.51	177±7.54	395±1.91
30	70±0.93	209±7.61	406±2.11
40	152±6.15	330±2.16	756±12.83
50	204±5.51	439±5.81	1775±14.13

图 5-3（b）中显示了乳化液浊度在不同油水比条件下的变化。乳化液的浊度随着油水比的增加而增加。虽然油水比在 5%～30%范围内，乳化液的粒度没有明显的变化，但乳化液的浊度显著增加。这主要是因为，在粒度没有显著变化的前提下，油相体积的增加使分散相的数量显著增加，从而引起浊度上升。而当油水比大于 30%时，由于 5g/100mL 的蛋白质浓度无法提供充足的蛋白质分子覆盖所有分散相表

面，从而导致油滴重新聚合，引起粒度增加，浊度上升。

油水比对乳化液粒度和离心稳定性的影响可以从图 5-3（c）和（d）中得出。油水比在 5%~50%范围内，乳化液的离心稳定常数 K_e 小于 20%，说明所有样品都具有良好的离心稳定性。当油水比在 5%~30%之间时，虽然乳化液的黏度并不高，但由于样品具有较小的粒度从而提高了乳化液的离心稳定性。当油水比≥40%的时候，乳化液中的分散相发生聚合，但 K_e 值并没有上升。这主要是因为油水比的上升和乳化液中分散相的聚合导致乳化液的黏度上升，从而抑制了乳化液的分层。另外，在实验过程中发现，随着油相体积的增加，乳化液的黏度不断增加，而当黏度大于 20%时，乳化液的流动性开始降低。当乳化液的黏度达到 50%时，乳化液甚至出现了假塑性。因此，为了得到具有良好流动性的姜黄素纳米乳化体系，选择油水比为 20%制备姜黄素纳米乳化液。

5.3.4 ι-卡拉胶对纳米乳化体系物理特性的影响

ι-卡拉胶对纳米乳化体系物理特性影响的实验结果如图 5-4 所示。

ι-卡拉胶是一种直链分子，分子中含有大量的—SO_4^-基团，即使在酸性条件下 ι-卡拉胶也显示出较强的电负性。研究显示，ι-卡拉胶分子中的—SO_4^-基团与乳化液分散相表面的蛋白质分子中的—NH^+基团可以通过静电引力结合，形成双层乳化液，增加了分散相表面的带电量和分散相之间的排斥力，从而提高乳化液的稳定性。为了研究 ι-卡拉胶与 CCM/WP 纳米乳化液作用是否能够形成姜黄素双层纳米乳化体系，进一步提高姜黄素纳米乳化液的稳定性，本研究首先考察了 ι-卡拉胶对 CCM/WP 纳米乳化液粒度、浊度、黏度和离心稳定性的影响。

图 5-4（a）显示了不同浓度的 ι-卡拉胶对 CCM/WP 纳米乳化液粒度的影响。由图可知，CCM/WP 纳米乳化液的粒度在 ι-卡拉胶加入前后并没有发生显著的变化（$P>0.05$）。这可能是因为分散相之间的

静电斥力很强，乳化液具有较好的稳定性，ι-卡拉胶的加入对其稳定性没有明显的改善；或者是 ι-卡拉胶的浓度相对较低，导致没有足够的 ι-卡拉胶分子能够充分覆盖分散相表面，使姜黄素双层纳米乳化体系没有形成，纳米乳化液的粒度没有发生明显的变化。

由图 5-4（b）可以看出，虽然纳米乳化液的粒度没有明显变化，但是纳米乳化液的浊度却随着 ι-卡拉胶浓度的增加而上升。这是因为 ι-卡拉胶是一种生物大分子，随着其浓度的增加，光的透过率不断下降从而导致样品浊度不断上升。

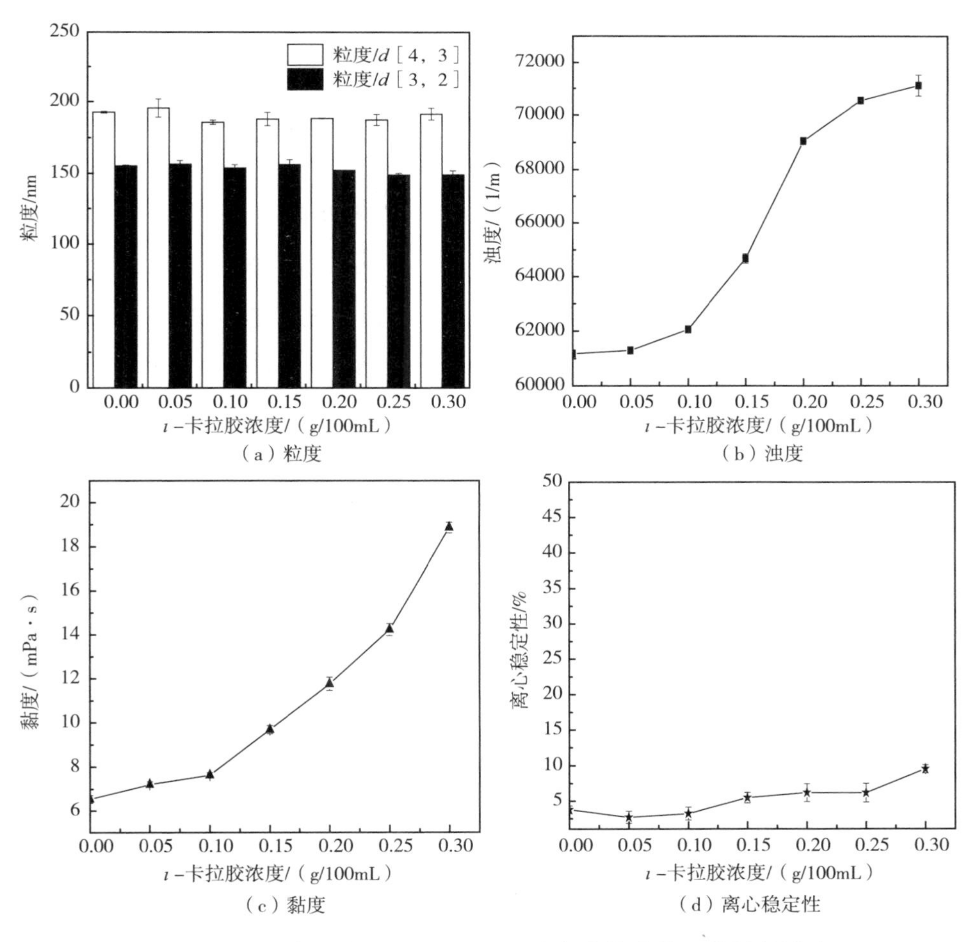

图 5-4 ι-卡拉胶浓度对 CCM/WP 纳米乳化液物理特性的影响

图5-4（c）中显示，随着ι-卡拉胶浓度的提高，纳米乳化液的黏度也随之上升。这因为ι-卡拉胶是食品工业中常用的一种食品增稠剂。溶液的黏度会随着ι-卡拉胶浓度的增加而上升，甚至形成凝胶，所以当ι-卡拉胶加入乳化液中后，会提高乳化液的黏度，ι-卡拉胶的增稠性也可以解释图5-4（d）的结果。图5-4（d）中显示，ι-卡拉胶的浓度对纳米乳化液的离心稳定常数并没有显著的改变，所有样品的离心稳定常数 K_e 值都低于10%。这是因为，ι-卡拉胶具有增稠性，当ι-卡拉胶加入乳化液中后，增加了乳化体系的黏度，降低了分散相的运动速率，抑制了乳化液的离心分层，导致所有样品都具有良好的离心稳定性。但是，与CCM/WP单层纲米乳化液的 K_e 值相比，加入ι-卡拉胶的纳米乳化液的 K_e 值并没有显著变化，说明ι-卡拉胶的加入对纳米乳化液的离心稳定性也没有产生显著的影响。

综合以上研究结果可知，利用乳清蛋白制备CCM/WP纳米乳化体系的最佳工艺参数为：连续相中乳清蛋白的浓度为5g/100mL，均质压力60MPa，油水比20%，均质循环3次。当CCM/WP纳米乳化液中加入ι-卡拉胶时，ι-卡拉胶虽然增加了纳米乳化液的浊度和黏度，但对纳米乳化液的粒度和离心稳定性并没有显著的影响，所以还无法确定姜黄素纳米乳化体系中ι-卡拉胶的使用浓度。因此，实验进一步考察了ι-卡拉胶加入前后，姜黄素纳米乳化体系在热处理、不同pH及不同离子强度条件下的稳定性，以探讨姜黄素纳米乳化体系的稳定性及ι-卡拉胶对姜黄素纳米乳化体系稳定性的影响。

5.4 姜黄素纳米乳化体系的稳定性研究

对于以蛋白质为乳化剂制备的乳化体系，其稳定性主要取决于分散相表面所带电量的大小。分散相表面所带电量越大，分散相之间的静电排斥力越大，分散相之间无法靠近而发生聚集，乳化体系的稳定性就越好。乳化体系中分散相之间的静电排斥力往往受到环境的 pH 和离子强度的影响。因为 pH 和离子强度的变化都会引起分散表面带电量的变化。而温度变化则会影响分散相表面蛋白质分子的空间结构和蛋白质分子之间的疏水作用力，从而影响乳化液的稳定性。有研究显示，向乳清蛋白乳化液中加入负电性较强的 ι-卡拉胶可以提高乳化体系在不同环境条件下的稳定性。因此，本实验研究了加入 ι-卡拉胶前后，姜黄素纳米乳化体系在高温及不同 pH 和离子强度条件下的稳定性，以探讨姜黄素纳米乳化体系的稳定性及 ι-卡拉胶对姜黄素纳米乳化体系稳定性的影响，研究结果如下。

5.4.1　纳米乳化体系在高温条件下的稳定性

纳米乳化体系在高温条件下的稳定性实验结果如图 5-5 所示。

利用蛋白质为乳化剂制备的乳化体系在热处理的过程中往往会因分散相之间发生聚集，粒度增加而失去稳定性。其聚集的原因是吸附在油滴表面的蛋白质分子通过疏水作用力和巯基-二硫键交换反应与其他油滴表面的蛋白质分子之间相互作用，使油滴之间发生聚集和交联，引起分散相的凝聚。因此，可以通过测定姜黄素纳米乳化体系在高温条件下的粒度变化，反应姜黄素纳米乳化体系的稳定性。实验中考察了在高温处理过程中 CCM/WP 纳米乳化体系的粒度变化及不同浓度 ι-卡拉胶对乳化体系粒度的影响。

图 5-5 为不同浓度的 ι-卡拉胶对纳米乳化体系在 100℃ 条件下加热 10min 前后粒度的影响。由实验结果可知，纳米乳化体系在加热前后的粒度没有发生显著的变化（$P>0.05$）。说明 ι-卡拉胶对纳米乳化体系的热稳定性没有显著影响，而仅有蛋白质稳定性的 CCM/WP 纳米乳化液在高温处理前后表现出了良好的稳定性。这一结果也进一步说明在纳米乳化液的制备过程中，5g/100mL 的蛋白质浓度提供了充足的

蛋白质分子，在均质过程中，这些蛋白质迅速地吸附在分散相表面，形成一层或多层致密的蛋白质分子层，使分散相表面拥有高密度的电荷，增强了分散相之间的静电排斥力，避免了分散的聚集。而 ι-卡拉胶的使用浓度相对较低，导致没有足够的 ι-卡拉胶分子能够充分覆盖分散相表面，姜黄素双层纳米乳化体系没有充分形成，或是由于分散相之间的静电斥力很强，乳化液本身具有很好的稳定性，ι-卡拉胶的加入没有起到明显的改善作用。因此，ι-卡拉胶对纳米乳化体系的热稳定性没有产生显著的影响。

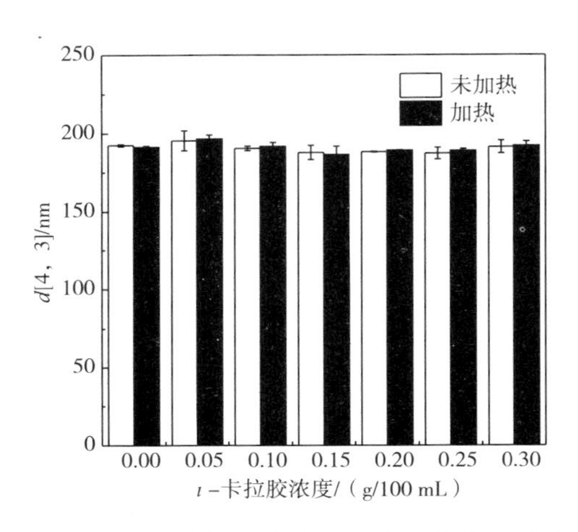

图 5-5　在 100℃条件下卡拉胶浓度对纳米乳化体系粒度的影响

同时，实验中也考察了 40～90℃条件下仅由乳清蛋白制备的 CCM/WP 纳米乳化液的稳定性。结果显示 CCM/WP 纳米乳化液经 40～90℃的热处理后，乳化液的粒度没有发生显著的改变。Gu 等人利用 β-Lg 和 ι-卡拉胶制备双层乳化液的研究中也得出了相似的结果。其研究结果显示，在没有 NaCl 存在的条件下，由 β-Lg 和 ι-卡拉胶制备的单层和双层乳化液在 30～90℃热处理前后，样品的粒度没有发生明显的改变。其研究结果说明在低离子强度下 β-Lg 乳化液对热处理表现出了良好的稳定性。本研究以牛乳清蛋白为乳化剂制备姜黄素纳米乳化液，而 β-Lg 约占牛乳清蛋白总量的 50%。因此，在本研究中，β-Lg 在提高牛乳清蛋白纳米乳化体系的热稳定性方面起到了一定的作用。

但是，Monohan 和 Demetriades 等人的研究得出了不同结果。其研究结果显示，由乳清分离蛋白制备的乳化液在 70~80℃温度范围内时，分散相会发生聚集，同时伴随着黏度的上升和稳定性的下降。而当温度高于 80℃时，乳清分离蛋白乳化液表现出了良好的耐热性。其研究认为，吸附在油滴表面的蛋白分子是处于天然和变性之间的状态，蛋白质多肽链仅部分展开，并不是所有的疏水性基团都进入了油相，油滴表面仍然具有一定的疏水性区域，当温度在 70~80℃范围内时，油滴之间就会通过表面蛋白分子之间的疏水作用力相互聚集。当温度超过 80℃后，油相表面的蛋白质分子完全展开，所有的疏水性基团进入油相，从而使油相在高温下不易发生聚集。蛋白质分子之间的二硫键交换反应在聚集的初始阶段并不起主要作用，而是在聚集形成后起到了强化的作用。而本实验研究结果显示，在 40~100℃范围内，CCM/WP 纳米乳化体系表现出了良好的稳定性。通过测定乳化液分散相表面的蛋白载量发现，CCM/WP 纳米乳化液具有 5.4mg/m^2 的高蛋白载量。由于分散相表面的蛋白载量较高，使蛋白质在分散相表面形成一层或多层致密的蛋白质分子层，因此，分散相表面拥有高密度的电荷，增强了分散相之间的静电排斥力，抑制了分散相之间通过疏水作用力相互聚集。

5.4.2　纳米乳化体系在不同 pH 条件下的稳定性

在不同的 pH 条件下，乳化液分散相表面的蛋白质分子带有不同的电量，导致分散相之间的静电排斥力不同，从而影响乳化液的稳定性，尤其是在蛋白质 p*I* 附近，由于分散相之间的静电斥力很弱而导致分散相发生聚集沉淀。因此，可通过测定姜黄素纳米乳化体系的 ζ 电位值考察姜黄素纳米乳化体系的稳定性。研究结果如图 5-6 所示。

图 5-6 显示了纳米乳化液及不同浓度 ι-卡拉胶对纳米乳化液的 ζ

电位值的影响。在 pH=2~8 范围内，CCM/WP 纳米乳化液的 ζ 电位值由 53.90mV 降至-42.60mV。而 ι-卡拉胶的 ζ 电位值却始终保持很强的电负性。当 ι-卡拉胶加入后，随着 ι-卡拉胶浓度的增加，纳米乳化液的 ζ 电位值呈下降的趋势。

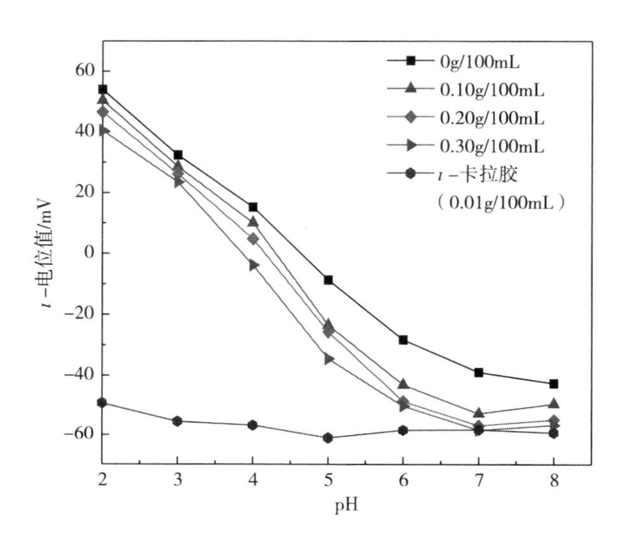

图 5-6　在不同 ι-卡拉胶浓度条件下 pH 对纳米乳化体系 ζ 电位值的影响

在 pH=2~8 范围内，CCM/WP 纳米乳化液的 ζ 电位值随 pH 的上升而下降。这是因为，随着 pH 的上升使吸附在分散相表面的蛋白质分子所带的正电荷不断减少、负电荷不断增加，蛋白质分子的净电荷由正电变为负电，CCM/WP 纳米乳化液的 pI=4.52。ι-卡拉胶分子是一种直链分子，分子中含有大量的—SO_4^- 基团，这使 ι-卡拉胶即使在酸性条件下也显示出了较强的电负性。这一特性可由 ι-卡拉胶在 pH=2~8 范围内的 ζ 电位值变化得以证明。在此 pH 范围内，ι-卡拉胶的 ζ 电位值由-49.10mV 变化至-59.30mV。在整个 pH 测定范围内，ι-卡拉胶始终保持很强的电负性。

由图 5-6 的结果可知，当 ι-卡拉胶加入后，纳米乳化液的 ζ 电位值降低、负电荷增加。当 ι-卡拉胶浓度增加至 0.30g/100mL 时，纳米

乳化液的 ζ 电位值由 30.40mV 降至-56.60mV，使纳米乳化液的 pI 由 4.52 降至 3.66，提高了乳清蛋白纳米乳化体系在其 pI 处的稳定性。由 ζ 电位值的测定结果可知，在 pH=7.0 和 pH=8.0 条件下纳米乳化液的 ζ 电位值较低（分别为-50mV 和-58.40mV），纳米乳化体系的稳定性最好。在有 ι-卡拉胶存在时，ζ 电位值的下降可能有两个原因：①仅仅是由于带负电的卡拉胶与乳化液混合后引起的电位下降；②虽然在 pH 值大于乳化液 pI 的条件下，蛋白质和 ι-卡拉胶的净电荷都为负值，它们之间存在排斥力，但是在二次均质过程中，由于剪切力和高压的作用，可能会使蛋白质分子暴露出更多的正电基团，使 ι-卡拉胶分子中的—SO_4^- 等负电性基团与分散相表面蛋白质分子中的—NH_3^+ 等正电性基团通过静电引力相互作用，使 ι-卡拉胶分子吸附在蛋白质分子表面，从而使纳米乳化体系的 ζ 电位值降低。

然而，在本实验中，可能由于 ι-卡拉胶的浓度相对较低，导致没有足够的 ι-卡拉胶分子能够充分覆盖分散相表面，姜黄素双层纳米乳化体系没有充分形成，只有少量的卡拉胶分子吸附到了分散相表面，导致在整个测定 pH 范围内纳米乳化体系的 ζ 电位值没有发生很大的变化。虽然，当 ι-卡拉胶的浓度增加至 0.30g/100mL 时，在 pH=7.0 的条件下纳米乳化体系的 ζ 电位值从-38.90mV 下降至-58.40mV，但是，即使没有 ι-卡拉胶的加入，CCM/WP 单层纳米乳化液在 pH=7.0 的条件下也具有较低的 ζ 电位值（-40mV），使其拥有良好的稳定性。因此，利用牛乳清蛋白制备姜黄素纳米乳化液时，ι-卡拉胶的引入提高了乳清蛋白纳米乳化体系在其 pI 的稳定性，但并不会对纳米乳化体系在中性和碱性条件下的稳定性起有显著影响。

5.4.3　纳米乳化体系在不同离子强度条件下的稳定性

环境中的离子强度对纳米乳化体系的影响主要是通过盐离子对分散相表面蛋白质电荷的中和作用。由于盐离子的中和作用，会使分散相之间的静电排斥力减弱，影响乳化体系的稳定性。实验中考察了不同离子强度条件下 CCM/WP 纳米乳化体系的稳定性。同时，实验也考察了 ι-卡拉胶加入后对姜黄素纳米乳化体系稳定性的影响。实验中利用不同的 NaCl 浓度来表示不同的离子强度，通过测定样品的离心稳定常数来反应样品的稳定性，其中离心稳定常数值越小，样品的稳定性越好。实验结果如图 5-7 所示。

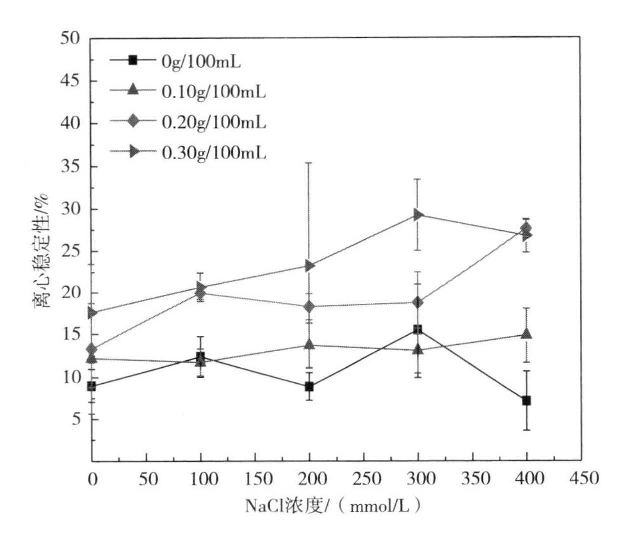

图 5-7　在不同 ι-卡拉胶浓度下 NaCl 浓度对纳米乳化液稳定性的影响

图 5-7 中显示了在不同 NaCl 浓度下 ι-卡拉胶浓度对纳米乳化体系稳定性的影响。由实验结果可知，在 0~400mmol/L NaCl 浓度范围内，在没有 ι-卡拉胶存在时，乳清蛋白纳米乳化体系的离心稳定常数值都低于 20%，说明乳清蛋白纳米乳化体系在不同 NaCl 浓度条件下都具有良好的稳定性。这可能是因为在纳米乳化液的制备过程中，5g/100mL 的蛋白质浓度提供了充足的蛋白质分子。在均质过程中，这些蛋白质可以迅速吸附在新产生的分散相表面，同时获得 5.4mg/m^2 的高蛋白载量。由于分散相表面的蛋白载量较高，使蛋白质在分散相表面形成一层或多层致密的蛋白质分子层，因此，分散相表面拥有高密度的电荷，

增强了分散相之间的静电排斥力，从而克服了 NaCl 分子对分散相表面电荷的中和作用，保持了纳米乳化体系良好的稳定性。有研究显示，当制备乳化液所用的蛋白质浓度较低时［0.5%（质量分数）］，高浓度的 NaCl（100~500mmol/L）会对乳化体系的稳定性有显著影响。这主要是因为，在乳化液制备过程中，较低的蛋白质浓度无法使分散相表面获得较高的蛋白载量，分散表面的电荷密度不高。当溶液中的离子强度较高时，分散相表面的电荷被中和，分散之间的静电斥力减弱，从而降低了乳化体系的稳定性。

当 ι-卡拉胶浓度较低时（0.1g/100mL），姜黄素纳米乳化体系的离心稳定性常数低于 20%且数值间差异不显著（$P>0.05$），说明在此浓度下 ι-卡拉胶对姜黄素纳米乳化体系的离心稳定性没有显著影响，姜黄素纳米乳化体系仍然保持良好的稳定性。但是，随着 ι-卡拉胶浓度增加至 0.2g/100mL 和 0.3g/100mL 时，姜黄素纳米乳化体系的稳定常数开始上升，说明姜黄素纳米乳化液的稳定性下降。而且，当 ι-卡拉胶浓度分别在 0.2g/100mL 和 0.3g/100mL 时，姜黄素纳米乳化体系的稳定性随着 NaCl 浓度的增加而降低。这一结果说明，在较高的 ι-卡拉胶浓度范围内，姜黄素纳米乳化液的稳定性会随着 NaCl 浓度的增加而降低。这主要是因为，ι-卡拉胶作为食用增稠剂具有较强的吸水性，而 NaCl 是通过离子键与水分子作用力，其作用力大于蛋白质与水分子之间的作用力，所以在较高的 ι-卡拉胶浓度范围内，NaCl 浓度的增加减少了与分散表面蛋白质作用的水分子，破坏了乳化体系中分散表面的水化层，使姜黄素纳米乳化体系的稳定性下降。

5.4.4　纳米乳化体系的贮藏稳定性

通过制备纳米乳化液，使分散相的粒径减小至纳米级别，提高了分散相的布朗运动，抑制了乳化液的分层。同时，通过增加分散相之间的静电斥力，也提高了纳米乳化体系的稳定性。而乳化液本质上是处于一种热力学不稳定的状态，分散相会发生聚集，导致油水两相有分离的趋势。因此可以通过测定姜黄素纳米乳化体系在贮藏期间的粒度变化考察其稳定性。实验中考察了 ι-卡拉胶浓度对姜黄素纳米乳化体系贮藏稳定性的影响。实验结果如图 5-8 所示。

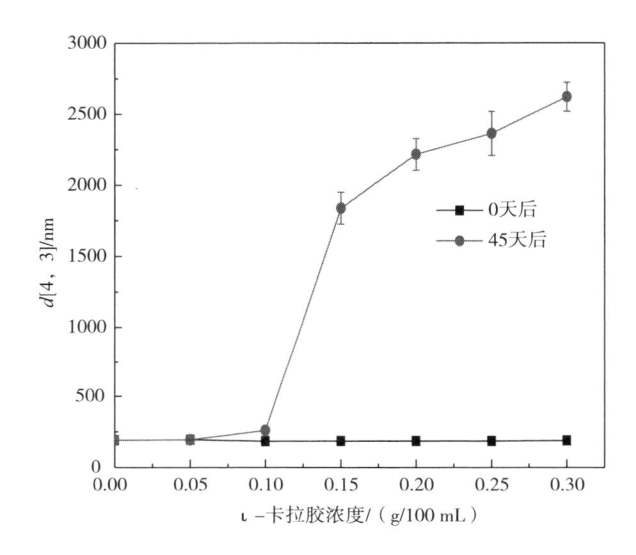

图 5-8　ι-卡拉胶浓度对纳米乳化液贮藏稳定性的影响

图 5-8 中显示了不同浓度的 ι-卡拉胶对纳米乳化液贮藏稳定性的影响。仅由乳清蛋白质制备的 CCM/WP 乳化液在贮藏前后粒度几乎没有发生显著的变化。而当加入 ι-卡拉胶后，随着贮藏时间的延长，乳化液的粒度不断增加，尤其是当 ι-卡拉胶的浓度超过 0.1g/100mL 后，乳化液的粒度发生了极其显著的上升。这可能是由于在贮藏过程中，乳化液中的分散相通过 ι-卡拉胶的“桥连”作用而相互聚集导致乳化液的粒度增加。Gu 等人的研究显示，当 ι-卡拉胶的浓度较低时，会引起双层乳化液的粒度快速增加，但是当 ι-卡拉胶的浓度不断提高时，乳化液的粒度又逐渐降低。该研究是以 β-乳球蛋白作为乳化剂，其浓度为 0.5%（质量分数），油水比为 5%（体积分数），分散相粒度为

500nm。Gu 等人认为，低浓度 ι-卡拉胶引起乳化液粒度上升是因为没有足够的 ι-卡拉胶分子去覆盖分散相油滴的整个表面，结果 ι-卡拉胶分子产生类似“桥”的作用，将分散相油滴之间相互连接、聚集，从而引起乳化液粒度的增加。然而，当 ι-卡拉胶的浓度提高后，此时有充足的 ι-卡拉胶分子覆盖分散相油滴表面，增加了分散相表面的带电量，从而提高了分散相之间的静电斥力和空间阻力，阻止了由分散相之间的聚集而引起的粒度增加。

Dickinson 利用牛血清白蛋白制备乳化液后［20%（体积分数）油相，1.5%（质量分数）蛋白浓度，pH = 6.0］，考察了不同浓度 ι-卡拉胶多糖对乳化液粒度的影响。当多糖浓度小于 0.001%（质量分数）时，新配置的乳化液及添加了多糖的乳化液的平均粒度约为 0.55μm，当多糖浓度超过 0.005%（质量分数）时，乳化液的粒度从 0.1 急剧上升至 10μm 并伴随着因多糖的“桥连”作用引起的分散相聚集。当多糖浓度达到 0.1%（质量分数）时，乳化液的粒度又开始急剧下降，但显著高于多糖在极低浓度下的粒度，而且分散相仍有明显的絮凝聚集。与其他研究报道相比较，本实验所使用的蛋白质浓度较高，制备的乳化液中含有大量的分散相微粒。实验中所用的 ι-卡拉胶浓度相对较低，可能无法形成完整的双层纳米乳化液，因此产生“桥连”作用，导致乳化液粒度增加。

综合以上研究结果可知，在利用较高浓度的乳清蛋白为乳化剂制备 CCM/WP 纳米乳化液时，纳米乳化体系在高温、中性和碱性条件下、不同离子强度及贮藏方面都具有良好的稳定性。而 ι-卡拉胶的引入仅仅提高了纳米乳化体系在其等电点的稳定性，对纳米乳化体系在高温条件下的稳定性没有影响，却会显著降低纳米乳化体系的贮藏稳定性。当 ι-卡拉胶浓度在较高范围内时，ι-卡拉胶会降低姜黄素纳米乳化体系在高离子强度条件下的稳定性。因此，综合考虑 ι-卡拉胶对姜黄素纳米乳化体系物理特性及稳定性的影响，当采用较高浓度的乳清蛋白制备 CCM/WP 纳米乳化体系时，ι-卡拉胶的加入会对 CCM/WP 纳米乳化体系的稳定性产生不利影响。

5.4.5 CCM/WP 纳米乳化体系对姜黄素光稳定性的影响

姜黄素在光照射条件下不稳定而发生降解。因此，为了研究 CCM/WP 纳米乳化体系对姜黄素的保护作用，实验中将 CCM/WP 纳米乳化液在日光照射条件下室温贮存，考察 CCM/WP 纳米乳化体系对姜黄素稳定性的影响，实验结果如下。

根据实验所得最佳制备工艺制备 CCM/WP 纳米乳化液。连续相中蛋白质浓度为 5g/100mL、油水比为 20%（*V/V*），均质压力为 60MPa，循环 3 次。油相中含有 1g/100mL 的姜黄素。将样品置于日光下照射 1 周后测定姜黄素含量，并与姜黄素乙醇溶液和姜黄素 MCT 溶液进行对比。实验结果显示，CCM/WP 纳米乳化液中的姜黄素的含量下降了约 6%；而在姜黄素乙醇溶液和 MCT 样品中，姜黄素的含量分别下降了约 80%和 70%。这说明 CCM/WP 纳米乳化液的形成对姜黄素在光照条件下具有一定的保护作用。

5.5 本章小结

CCM/WP 纳米乳化液制备的最佳工艺参数为：连续相蛋白质浓度 5g/100mL，油水比 20%（*V/V*），均质压力 60MPa，循环 3 次，所得 CCM/WP 纳米乳化液分散相的平均粒径在 200nm 左右。

由牛乳清分离蛋白稳定的 CCM/WP 纳米乳化液在高温、中性和碱性条件下、不同离子强度及贮藏性方面都表现出了良好的稳定性，并对姜黄素在日光照射的条件下起到了良好的保护作用。

ι-卡拉胶仅仅提高了纳米乳化体系在其等电点的稳定性，对纳米乳化体系在高温条件下的稳定性没有影响，却会显著降低纳米乳化体系的贮藏稳定性。当ι-卡拉胶浓度在较高范围内时，ι-卡拉胶会降低姜黄素纳米乳化体系在高离子强度条件下的稳定性。

第6章 β-Lg/CCM和CCM/WP纳米乳化液体外消化吸收及其免疫反应

6.1 引言

姜黄素具有抗炎、抗氧化、降血脂、抑制2型糖尿病并发症、抑制血栓和心肌梗死等生物活性。尽管姜黄素具有许多突出生物学功能，但由于姜黄素不溶于水，在碱性条件下不稳定的性质大大降低了姜黄素的口服吸收率。通过改变剂型来提高姜黄素的药理作用性能是一种既重要而又方便的手段。目前这方面的工作还处于起步阶段，剂型研究多集中于脂质体、纳米微粒、纳米胶、纳米结晶悬浮液、磷脂复合物、树状聚合物、环糊精包合物和微胶束等，但方向多集中于剂型的制备方法上，对于运载体系在胃肠道中的消化过程及其对姜黄素在肠道中的吸收作用还需要进一步的研究。β-乳球蛋白/姜黄素（β-Lg/CCM）复合物和姜黄素/乳清蛋白（CCM/WP）纳米乳化液这两种运载方式都极大地提高了姜黄素的溶解性和稳定性，但这两种载体在胃肠道中的消化性及其对姜黄素在肠道中的吸收作用仍需进一步考察。

Caco-2细胞模型是一种人克隆结肠腺癌细胞，常被用来研究药物吸收的潜力，药物吸收的机制以及药物、营养物质、植物性成分的肠道代谢。Caco-2细胞的结构和功能类似于分化的小肠上皮细胞，具有相同的细胞极性、紧密连接和微绒毛等结构，并含有与小肠刷状缘上皮相关的酶系。在细胞培养条件下，生长在多孔的可渗透聚碳酸酯膜上的细胞可融合并分化为肠上皮细胞，形成连续的单层。药物透过 Caco-2 细胞单层的体外过程与药物口服后在肠中的吸收和代谢有良好的相关性。因此 Caco-2 细胞成为研究药物吸收转运和代谢最经典的体外模型之一。

本实验通过体外模拟胃肠道环境考察了 β-Lg/CCM 复合物和 CCM/WP 纳米乳化液在胃肠道环境下的消化性，并通过建立 Caco-2 模型考察了 β-Lg/CCM 复合物和 CCM/WP 纳米乳化液对姜黄素吸收率的影响，用于探讨 β-Lg/CCM 复合物和 CCM/WP 纳米乳化液在肠道中的消化吸收作用。

6.2 β-Lg/CCM 复合物在体外胃肠道中的消化性

在人体胃肠道中，pH 值的变化范围很大，而且胃肠道中含有多种酶系，当 β-Lg/CCM 复合物经口服进入胃肠道时，会受到胃蛋白酶和胰蛋白酶的作用。在蛋白酶的作用下，β-Lg 会被水解，可能会导致复合物解体，影响复合物在小肠中的吸收。因此，本实验通过体外模拟胃肠道环境，研究了 β-Lg/CCM 复合物在胃肠环境下的消化性。

6.2.1 β-Lg/CCM 复合物在体外胃液中的消化性

通过体外模拟人体胃中的消化条件，利用 SDS-聚丙烯酰胺凝胶电泳法考察了不同时间下 β-Lg/CCM 复合物在胃中的消化情况，实验结果如图 6-1 所示。

图 6-1 中显示了 β-Lg 标品（纯度>90%）和胃蛋白酶的 SDS-聚丙烯酰胺凝胶电泳结果，以及 β-Lg/CCM 复合物在被胃蛋白酶分别作用 0、2min、5min、30min、60min、90min 后的 SDS-聚丙烯酰胺凝胶电泳结果。β-Lg/CCM 复合物经胃蛋白酶作用后，在 0~90min 范围内

出现了两条电泳带。其中，在上方密度较小（即颜色较浅）的电泳带与胃蛋白酶的电泳带在同一水平位置，因此该电泳带是样品中的胃蛋白酶电泳带。而下方密度较大（即颜色较深）的电泳带与β-Lg 标品电泳带在同一水平位置。因此，该电泳带为β-Lg/CCM 复合物中的β-Lg 电泳带。

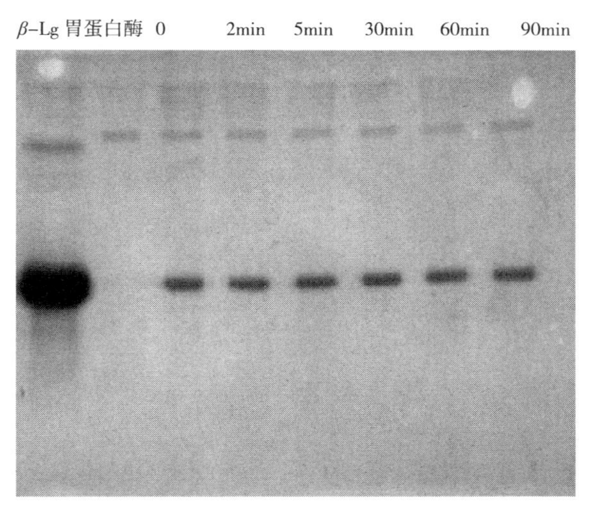

图 6-1 β-Lg/CCM 复合物在体外模拟胃液中的水解

由图 6-1 结果可知，在模拟胃环境的消化实验中，β-Lg 在胃蛋白酶的作用下，在不同消化时间下的电泳条带密度没有发生变化。这主要是因为β-Lg 具有抗胃蛋白酶水解的性质，天然的β-Lg 分子中所含有的能够被胃蛋白酶作用的芳香族氨基酸侧链（苯丙氨酸、酪氨酸或亮氨酸）被包埋在分子内部，无法与胃蛋白酶接触，因此胃蛋白酶无法对具有天然结构的β-Lg 进行有效的水解。β-Lg 的这一特性有利于β-Lg/CCM 复合物能够完整地通过胃部进入小肠中，从而有利于姜黄素在小肠中的吸收，避免了因蛋白质被水解而引起姜黄素在胃中被释放导致姜黄素形成结晶，降低姜黄素在肠道中的吸收率的情况。因为在胃的酸性环境下，姜黄素是不溶于水的，姜黄素会结晶析出，很可能会以晶体的形式进入肠道，导致肠道细胞难以吸收。

6.2.2 β-Lg/CCM 复合物在体外肠液中的消化性

通过体外模拟人体肠道中的消化条件，利用 SDS-聚丙烯酰胺凝胶电泳法考察了不同时间下 β-Lg/CCM 复合物在肠道中的消化情况，实验结果如图 6-2 所示。

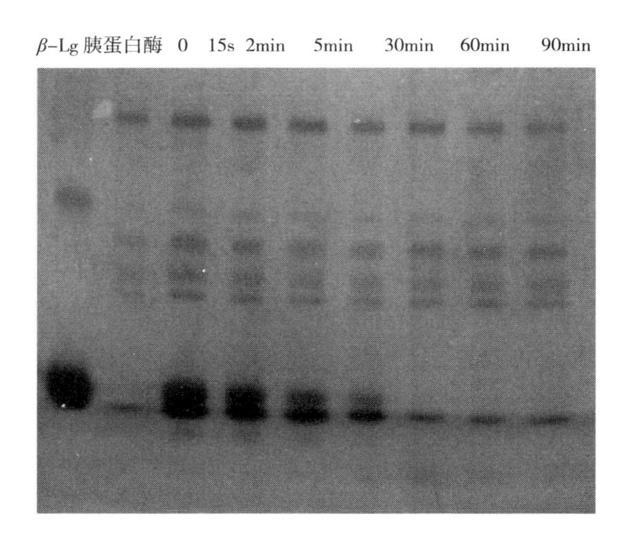

图 6-2 β-Lg/CCM 复合物在体外模拟肠液中的水解

图 6-2 中显示了 β-Lg 标品和胰蛋白酶的 SDS-聚丙烯酰胺凝胶电泳结果，以及 β-Lg/CCM 复合物在被胰蛋白酶分别作用 0、15s、2min、5min、30min、60min、90min 后的 SDS-聚丙烯酰胺凝胶电泳结果。β-Lg/CCM 复合物经胰蛋白酶作用后，在 0~90min 范围内出现了多条电泳带。与 β-Lg 标品及胰蛋白酶电泳结果比较可知，在下方密度较大（即颜色较深）的电泳带与 β-Lg 标品电泳带在同一水平位置，所以该电泳带为 β-Lg/CCM 复合物中的 β-Lg 电泳带。

由图 6-2 结果可知，在模拟肠道环境的消化实验中，经胰蛋白酶处理 15s 后，β-Lg 的电泳带密度就开始下降，说明此时 β-Lg 在胰蛋白酶的作用下已经开始发生水解。胰蛋白酶作用 5min 后，β-Lg 的电泳带密度显著降低，30min 时 β-Lg 几乎完全被水解。根据 SDS-聚丙烯酰胺凝胶电泳实验结果，利用 Gel-Pro Analyzer 软件对各电泳带进行光密度分析，得出各电泳带的光密度值，以探讨 β-Lg/CCM 复合物在胰蛋白酶作用下的水解情况，分析结果如表 6-1 所示。

表 6-1 β-Lg/CCM 复合物在体外模拟肠液中的水解

指标	时间/min						
	0	0.25	2	5	30	60	90
β-Lg 电泳带的光密度值	727.43	622.12	440.85	242.2	29.95	0.02	0
消化率/%	0	14.48	39.4	66.7	95.88	100	100

由表 6-1 可知，β-Lg/CCM 复合物经胰蛋白酶水解 15s 后，约 14%的 β-Lg 发生水解，说明 β-Lg 极易被胰蛋白酶水解。当 β-Lg/CCM 复合物经胰蛋白酶作用 30min 后，约有 96%的 β-Lg 被水解，说明在肠道中 β-Lg 被胰蛋白酶完全水解的时间大概在 30min。

6.3 CCM/WP 纳米乳化液在体外胃肠道中的消化性

纳米乳化液因其分散相的粒度很小，可以延长其在肠道中的滞留时间，从而有利于肠道细胞对活性物质的充分吸收。但是，由于 CCM/WP 纳米乳化液是以蛋白质为乳化剂，其分散相表面是由 WP 分子构成的蛋白质分子层，经口服进入胃肠道时，分散相表面的蛋白质会受到胃蛋白酶和胰蛋白酶的作用。在这些酶的作用下，CCM/WP 纳米乳化液可能因蛋白质的水解，使分散相表面的蛋白质分子层受到破坏而导致分散相的聚集、粒度增加，甚至可能会造成乳化体系崩溃，降低了小肠对活性物质的吸收效率。因此，本实验通过体外模拟胃肠道环境，利用 SDS-聚丙烯酰胺凝胶电泳法考察了 CCM/WP 蛋白纳米乳化液分别在胃蛋白酶和胰蛋白酶作用下的消化性。

6.3.1 CCM/WP 纳米乳化液在体外胃液中的消化性

通过体外模拟人体胃中的消化条件，利用 SDS-聚丙烯酰胺凝胶电泳法考察了不同时间下 CCM/WP 纳米乳化液在胃中的消化情况。实验结果如图 6-3 所示。

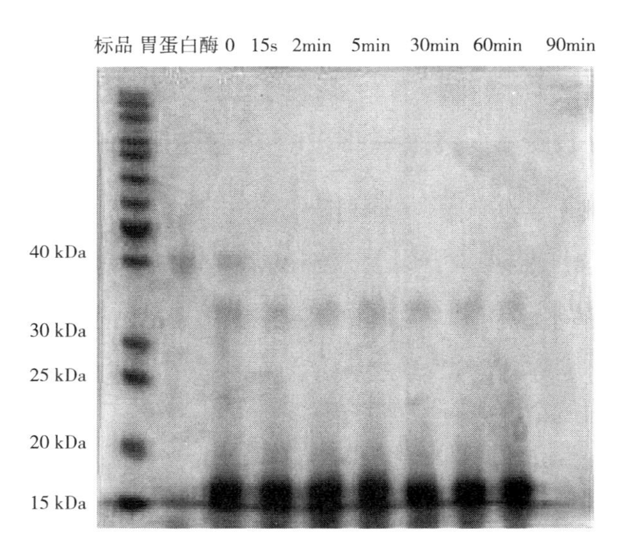

图 6-3 CCM/WP 纳米乳化液在体外模拟胃液中的水解

图 6-3 中显示了不同分子量的蛋白标品和胃蛋白酶的 SDS-聚丙烯酰胺凝胶电泳结果，以及 CCM/WP 纳米乳化液在被胃蛋白酶分别作用 0、15s、2min、5min、30min、60min、90min 后的 SDS-聚丙烯酰胺凝胶电泳结果。由于牛乳清蛋白中 β-Lg 的含量占 50%以上，是乳清蛋白中含量最多的蛋白质，其分子量约为 18kDa。因此，图 6-2 中，在 0~90min 范围内，位于 15~20kDa 的电泳带是来自纳米乳化液中的 β-Lg。因为 β-Lg 在乳清蛋白中的含量最高，所以其电泳带的密度最大，电泳带的颜色最深。

在乳清蛋白中，β-Lg 含量最多，约占乳清蛋白总量的 50%。在利用乳清分离蛋白为乳化剂制备 CCM/WP 纳米乳化液的过程中，β-Lg 成为乳化作用的主体，因此 CCM/WP 纳米乳化液中的蛋白质是以 β-Lg 为主。这一结论可由图 6-3 中 CCM/WP 纳米乳化液的 SDS-聚丙烯酰胺凝胶电泳结果证实。从 CCM/WP 纳米乳化液的电泳结果可以看出，β-Lg 的电泳带密度最大，显著高于其他电白电泳带的密度。因此，实验中可以通过 β-Lg 电泳带密度的变化来探讨 CCM/WP 在胃蛋白酶作用下的水解情况。

由图 6-3 中的 SDS-聚丙烯酰胺凝胶电泳结果可知，CCM/WP 纳米乳化液在胃蛋白酶作用下的水解情况与图 6-1 中 β-Lg/CCM 复合物的消化实验结果很相似。在 0~90min 的消化时间内，CCM/WP 纳米乳化液中的蛋白质只发生了轻微的水解。为了更加清晰地考察 CCM/WP 纳米乳化液在胃蛋白酶作用下的水解情况，根据 SDS-聚丙烯酰胺凝胶电泳实验结果，利用 Gel-Pro Analyzer 软件对 β-Lg 电泳带进行光密度分析，得出不同时间下 β-Lg 电泳带的光密度值，以探讨 CCM/WP 纳米乳化液在胃蛋白酶作用下的水解情况，分析结果如表 6-2 所示。

表 6-2　CCM/WP 纳米乳化液在体外模拟胃液中的水解率

指标	时间/min						
	0	0.25	2	5	30	60	90
β-Lg 电泳带的光密度值	229.57	220.01	210.67	207.61	195.58	195.33	195.25
水解率/%	0.00	4.16	8.23	9.57	14.81	14.91	14.95

由表 6-2 可知，当样品经胃蛋白酶作用 5min 时，仅有约 9% 的 β-Lg 发生水解，当水解时间为 30min 时约有 15% 的 β-Lg 发生水解，而随着水解时间的进一步延长，β-Lg 的含量几乎不再发生变化。这说明 CCM/WP 纳米乳化液对胃蛋白酶的作用具有一定抗性。

Sarkar 等人的研究结果显示，由 β-Lg 制备的乳化液经胃蛋白酶作用后，β-Lg 的电泳带密度显著降低。说明 β-Lg 在胃蛋白酶的作用下被水解。这主要是因为，天然的 β-Lg 之所以能够抵抗胃蛋白酶的水解作用是由于其所含有的能够被胃蛋白酶作用的芳香族氨基酸侧链被包埋在分子内部，无法与酶接触。但是，在乳化的过程中，β-Lg 分子吸附在分散相油滴表面，引起了 β-Lg 分子的空间结构发生改变，多肽链展开，使芳香族氨基酸侧链暴露出来与胃蛋白酶接触，从而发生水解反应。

然而，本实验结果显示，CCM/WP 纳米乳化液对胃蛋白酶的水解作用具有抗性。有研究显示，当乳化液中分散相表面的蛋白质载量达到 $5mg/m^2$ 时，油滴表面则可能是由聚集的蛋白质分子所吸附或由多层蛋白质覆盖。通过对 CCM/WP 纳米乳化液分散相表面蛋白载量的测定发现，CCM/WP 纳米乳化液中分散相表面的蛋白载量约为 $5.4mg/m^2$，证明分散相表面形成了一层或多层致密的分子层。这是因为，实验中所使用的蛋白质浓度较高，在均质的过程中，可以提供大量的蛋白质分子迅速吸附到新生成的油滴的表面，通过蛋白质分子表面的疏水性区域与油相结合，当 β-Lg 的分子在吸附到油相表面时，分子结构没有发生较大的改变，多肽链展开的程度很小，从而形成一层或多层致密的分子层而阻碍了胃蛋白酶与可作用基团的接触，从而使胃蛋白酶无法对其进行有效的水解。而样品水解过程中，电泳带密度的微弱下降可能是由于少量 β-Lg 在乳化的过程空间结构发生改变，多肽链展开，从而引起胃蛋白酶的水解。

CCM/WP 纳米乳化液的这一特性有利于姜黄素能够顺利地被运载至肠道，保持了纳米乳化液中分散相的微小粒度，延长分散相在肠道中的滞留时间，有利于姜黄素的充分吸收。避免了乳化液中的蛋白质在胃中被消化导致油相发生聚集，乳化液粒度增加，姜黄素的吸收率下降。当乳化液进入肠道时，在胰蛋白酶的水解作用下，纳米乳化微粒逐渐被水解，姜黄素在蛋白质水解的过程逐步释放，从而有利于其在肠道中的充分吸收或是乳化液以纳米微粒的形式被小肠上皮细胞直接摄入，提高姜黄素的生物利用率。

6.3.2 CCM/WP 纳米乳化液在体外肠液中的消化性

通过体外模拟人体胃中的消化条件，利用 SDS-聚丙烯酰胺凝胶电泳法（SDS-PAGE）考察了不同时间下 CCM/WP 纳米乳化液在肠道中的消化情况。实验结果如图 6-4 所示。

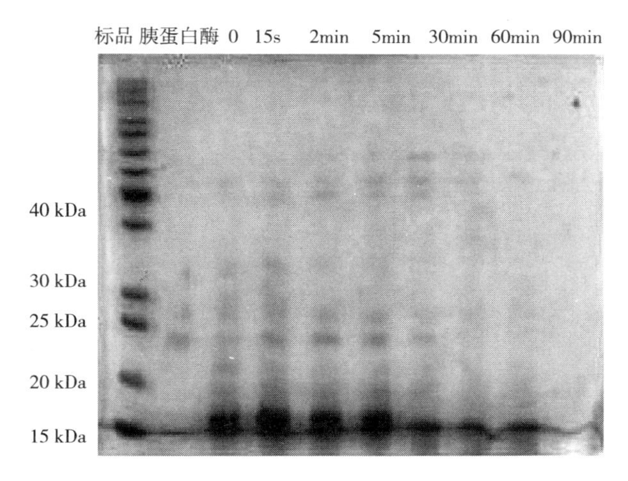

图 6-4 CCM/WP 纳米乳化液在体外模拟肠液中的水解

图 6-4 中显示了不同分子量的蛋白标品和胰蛋白酶的 SDS-聚丙烯酰胺凝胶电泳结果，以及纳米乳化液在被胰蛋白酶分别作用 0、15s、2min、5min、30min、60min、90min 后的 SDS-聚丙烯酰胺凝胶电泳结果。在 0~90min 范围内，位于 15~20kDa 的电泳带是来自纳米乳化液中的 β-Lg。

由图 6-2 可知在肠道环境下，CCM/WP 纳米乳化液在胰蛋白酶作用 5min 后，蛋白质电泳带密度发生显著下降。为了更加清晰地考察 CCM/WP 纳米乳化液在胰蛋白酶作用下的水解情况，根据 SDS-聚丙烯酰胺凝胶电泳实验结果，利用 Gel-Pro Analyzer 软件对 β-Lg 电泳带进行光密度分析，得出不同时间下 β-Lg 电泳带的光密度值，以探讨 CCM/WP 纳米乳化液在胰蛋白酶作用下的水解情况，分析结果如表 6-3 所示。

表 6-3　CCM/WP 纳米乳化液在体外模拟肠液中的水解率

指标	时间/min						
	0	0.25	2	5	30	60	90
β-Lg 电泳带的光密度值	84.52	84.41	84.15	79.70	11.59	1.53	0
水解率/%	0.00	0.13	0.44	5.70	86.29	98.19	100.00

由表 6-3 可知，CCM/WP 纳米乳化液中的 β-Lg 的消化率随着消化时间的增加而上升，当样品经胰蛋白酶作用 5min 时，仅有约 6%的 β-Lg 发生水解；当水解时间为 30min 时，大约有 86%的 β-Lg 发生水解，而在水解时间为 60min 时，β-Lg 几乎全部被水解。这说明 CCM/WP 纳米乳化液进入肠道后，会在胰蛋白酶的作用下发生水解，当水解时间达到 60min 时，CCM/WP 纳米乳化液中的蛋白质几乎被完全水解。

通过与 β-Lg/CCM 复合物在肠道中的消化率比较可知，β-Lg/CCM 复合物在消化 30min 时，β-Lg 在胰蛋白酶的作用下几乎被全部消化（消化率 96%），而 CCM/WP 纳米乳化液中的 β-Lg 在消化 60min 时几乎被全部消化（消化率 98%），说明胰蛋白酶对 CCM/WP 纳米乳化液中的 β-Lg 的消化时间更长，这一结果进一步证明了在乳化过程中，β-Lg 分子在分散相表面形成了一层或多层致密的分子层，降低了胰蛋白酶对 β-Lg 的水解速率，而 β-Lg/CCM 复合物是以蛋白质单体的形式存在，在消化过程中能够被胰蛋白酶充分水解，导致其消化速率较高。

综合以上实验所得结论，可以进一步完善 CCM/WP 纳米乳化液形成的过程和稳定机制。在乳化液制备的过程中，为了得到分散相平均粒度为 200nm 的乳化体系，在均质的过程中，当微小的油滴一旦形成，蛋白质分子就必须迅速地吸附到油滴表面，形成一层蛋白质分子层，从而阻止油滴的再次聚集。这就要求在纳米乳化液形成的过程中必须有充足的蛋白质分子围绕在油相周围，以保证蛋白质分子能够在油相再次聚集之前及时地吸附到油滴表面。同时，所使用的蛋白质分子要具有良好的表面活性，以保证乳化体系的稳定性。本研究所用的连续相中，牛乳清分离蛋白的浓度较高且具有出色的表面活性，保证了在乳化过程中有充足的乳清蛋白分子能够迅速地吸附到油滴表面，可以直接通过分子表面的疏水区域与油滴结合。多肽链的伸展程度很小，也正因如此，使分散相单位表面积上会有更高的蛋白质载量（5.4mg/m^2），为分散相表面提供了更多的电荷，提高了分散相间的静电斥力，保持了纳米乳化体系良好的稳定性，也赋予了 CCM/WP 纳米乳化液具有抵抗胃蛋白酶水解的特性。相反，根据前人研究结果可知，当牛乳清蛋白的浓度较低时，在纳米乳化液形成过程中，分散相表面的蛋白质载量比较低，为了保证油滴表面能够形成完整的蛋白质分子层，吸附在油滴表面的蛋白质分子必须有相当程度的伸展，用于增加单个分子的覆盖面积，同时暴露出更多的疏水性基团与油滴结合。而这一结果导致分散相粒度相对较大，分散相表面蛋白质载量相对较少，电荷密度相对较低，对高离子强度和热处理的稳定性下降。同时，由于疏水性基团的暴露，也使得分散相表面的蛋白质分子易于被胃蛋白酶作用。

6.4 β-Lg/CCM 和 CCM/WP 纳米乳化体系的体外吸收

由于姜黄素不溶于水而极大地降低了其在人体肠道中的吸收率，利用 β-Lg/CCM 复合物和 CCM/WP 纳米乳化体系运载姜黄素提高了其溶解性。经过体外模拟胃肠道消化实验证实，这两种剂型都对胃蛋白酶的水解作用具有抗性，可以将姜黄素顺利地运载至小肠中，当运载体系到达小肠后，这两种载体会受到肠道中的胰蛋白酶作用而被消化，并且 CCM/WP 纳米乳化液中的油相也会受到肠道中的脂肪酶的作用而被水解。因此，β-Lg/CCM 复合物和 CCM/WP 纳米乳化体系这两种运载剂型在肠道中的消化过程对姜黄素吸收效果的影响还需要进一步的研究。利用 Caco-2 细胞模拟人体肠道细胞来研究药物在肠道中的吸收效果被广泛应用于药物吸收研究中，因此本实验通过建立 Caco-2 细胞模型考察β-Lg/CCM 复合物和 CCM/WP 纳米乳化体系这两种运载剂型对姜黄素在肠道中的吸收率的影响。

6.4.1 Caco-2 细胞模型的建立

Caco-2 细胞的结构和功能类似于分化的小肠上皮细胞，具有相同的细胞极性、紧密连接和微绒毛等结构，并含有与小肠刷状缘上皮相关的酶系。Caco-2 细胞的生化特性和细胞极性可以通过测量细胞生长的不同时期的碱性磷酸酶活力来表征。碱性磷酸酶是刷状缘标志性酶，在 Caco-2 细胞单层形成过程中可以分化出此酶。

6.4.1.1 Caco-2 细胞模型的验证

在 Caco-2 细胞的培养过程中可分别测定腔侧（AP 侧）和基底侧（BL 侧）的碱性磷酸酶活力来验证细胞的完整性。Caco-2 细胞单层模型的建立一般需要 21 天左右完成，因此实验中在 15 天和 21 天分别测定了细胞的碱性磷酸酶（ALP）活力。实验结果如表 6-4 所示。

表 6-4 Caco-2 细胞单层碱性磷酸酶活力

细胞培养时间/天	碱性磷酸酶活力/（$U \cdot L^{-1}$）	
	AP 侧	BL 侧
0	0	0
15	25.22±1.23	14.71±1.79
21	40.74±1.35	20.87±1.04

当细胞培养至第 15 天时 ALP 的活性在 AP 侧为（25.22±1.23）U/L，在 BL 侧为（14.71±1.79）U/L。当细胞培养至第 21 天时，ALP 的活性在 AP 侧为（40.74±1.35）U/L，在 BL 侧仅为（20.87±1.04）U/L（$n=6$，$P<0.01$）。结果表明，碱性磷酸酶已经很大程度上集中在刷状缘一侧，证明了 Caco-2 细胞单分子层结构具有极性特征，Caco-2 细胞单层已经形成，适合药物转运实验的进行。

6.4.4.2 细胞耐受量实验

为了确定细胞转运实验中姜黄素的使用量，实验中通过使用不同浓度的姜黄素样品考察了细胞对姜黄素的耐受量。实验结果如图 6-5 所示。

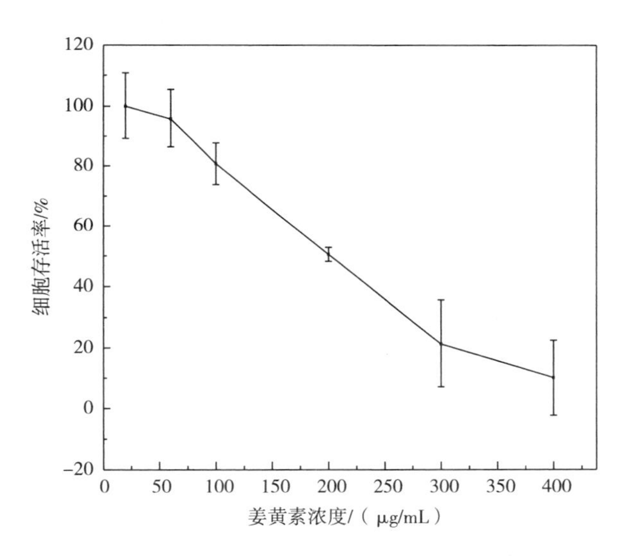

图 6-5 姜黄素浓度对 Caco-2 细胞存活率的影响

由姜黄素细胞毒性实验结果可知（图 6-5），当姜黄素浓度在 60μg/mL 以内时，细胞存活率为 100%，说明姜黄素在 20～60μg/mL 浓度范围内对细胞没有毒性。当姜黄素用量为 100μg/mL 时，细胞存活率为 80.70%。Wahlang 等人认为，当细胞存活率>80%时，可以认为姜黄素对细胞没有毒性。当姜黄素的浓度进一步上升时，细胞的存活率开始显著下降，说明当姜黄素的使用浓度超过 100μg/mL 时对细胞产生较强的毒性。近年来的一些研究显示，Caco-2 细胞对姜黄素的耐受量（细胞存活率为 100%）在 20~80μg/mL 浓度范围内。这可能是由于细胞来源的个体不同、细胞传代次数不同或细胞的生长状态不同导致细胞对姜黄素的耐受量不同。本实验结果显示，在保持细胞存活率大于 80% 的前提下，姜黄素的最大使用量为 100μg/mL。因此，在 Caco-2 细胞吸收实验中，样品中的姜黄素的使用浓度固定为 100μg/mL。

6.4.2 β-Lg/CCM 及 CCM/WP 纳米乳化液的体外吸收

Caco-2 细胞的结构和功能类似于分化的小肠上皮细胞。因此，本研究利用 Caco-2 细胞来模拟小肠上皮细胞，考察不同载体对姜黄素肠道吸收率的影响。为了明确 β-Lg/CCM 复合物和姜黄素牛乳清蛋白纳米乳化液在肠道中的消化过程对姜黄素吸收率的影响，实验中制备了 6 种样品进行细胞转运实验：姜黄素分散液（UC）、β-Lg/CCM 复合物（BLC）、CCM/WP 纳米乳化液（NE）、β-Lg/CCM 复合物胰酶消化液（DGBLC）、CCM/WP 纳米乳化样品胰酶消化液（DGNE）和 CCM/WP 纳米乳化样品胰蛋白酶水解液（PHNE）。实验结果如图 6-6 所示。

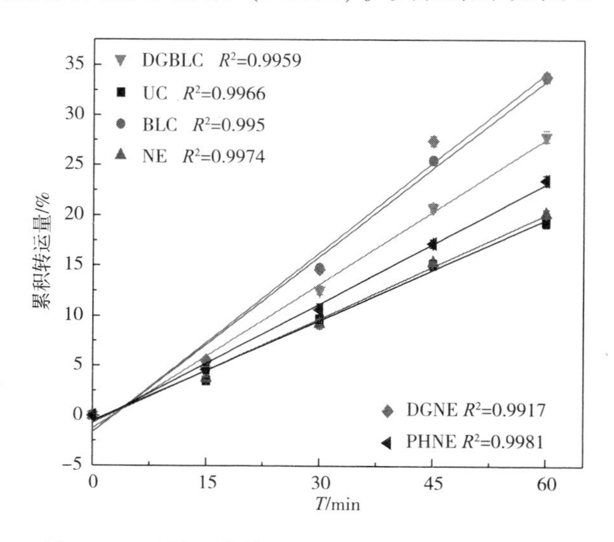

图 6-6　不同运载体系对姜黄素渗透速率的影响

图 6-6 显示了姜黄素在不同转运条件下的累积转运量与转运时间的关系。通过对各样品在不同时间点的姜黄素转运累积量进行了曲线拟合后，各样品所得拟合方程的 R^2 值都>0.99，说明方程可以较准确地反应转运时间与姜黄素转运量之间的关系。由方程的斜率可以进一步计算出各样品的姜黄素表观渗透速率（P_{app}，cm/s）。同时，由式（6-1）可得，各样品的拟合方程的斜率与 P_{app} 成正比，斜率越高，P_{app} 越大，P_{app} 值越大，细胞对样品的吸收率也就越大。

$$P_{app} = (dQ/dt)/(C_0 \cdot A) \tag{6-1}$$

式中：dQ/dt——单位时间药物转运量，μg/s；

A——转运膜的面积，1.12cm^2；

C_0——姜黄素的初始浓度，100μg/mL。

由于 CCM/WP 纳米乳化体系中不仅含有蛋白质，也包括油脂。因此，为了更好地考察 CCM/WP 纳米乳化体系的消化过程与姜黄素吸收率之间的关系，实验中制备了由胰蛋白酶和胰脂肪酶组成的混合酶液（简称胰酶消化液），用于研究 CCM/WP 纳米乳化体系在蛋白质和脂肪水解过程中对姜黄素吸收的影响。各样品的 P_{app} 值由表 6-5 所示。

表 6-5 不同运载体系中姜黄素的表观渗透速率

指标	UC	BLC	NE	DGBLC	DGNE	PHNE
P_{app}/(cm·s^{-1})	3.20×10^{-5}	7.02×10^{-5}	4.10×10^{-5}	5.77×10^{-5}	7.07×10^{-5}	4.70×10^{-5}

由表 6-5 可知，各样品的 P_{app} 值由大到小分别为：（DGNE）7.07×10^{-5}cm/s >（BLC）7.02×10^{-5}cm/s >（DGBLC）5.77×10^{-5}cm/s >（PHNE）4.70×10^{-5}cm/s>（NE）4.10×10^{-5}cm/s>（UC）3.20×10^{-5}cm/s。由该结果可知，β-Lg/CCM 复合物（BLC）和经胰酶消化后的纳米乳化液（DGNE）中的姜黄素吸收率最高，而且两者 P_{app} 值十分接近。而姜黄素分散液和未经消化的纳米乳化液的吸收率最低。

在药物吸收机制的研究中，P 糖蛋白（P-gp）对药物吸收的影响一直受到研究者的关注。这是因为P-gp是一种跨膜蛋白，其对药物的外排作用是导致药物吸收率低的因素之一。但是，Wahlang等人和Yu等人的研究结果都显示，姜黄素的吸收机制属于被动扩散，与P-gp的作用无关。而且Hou等人研究认为姜黄素对P-gp具有抑制作用。这些研究结果说明，在研究姜黄素细胞转运的过程中，不需要考虑P-gp的影响。

对于CCM/WP纳米乳化液，经胰蛋白酶水解后，其P_{app}值显著高于未经酶作用的样品，而经胰酶消化后，即经胰蛋白酶和胰脂肪酶作用后，其P_{app}值又显著高于蛋白酶水解样品。这一结果说明，肠道细胞对CCM/WP纳米乳化液中姜黄素的吸收是通过两种机制进行的。一种是消化-吸收机制。即姜黄素是伴随着CCM/WP纳米乳化液中分散相在蛋白酶和脂肪酶的水解过程中被肠道细胞逐步吸收的。另一种是直接吸收机制。即由于CCM/WP纳米乳化液中分散相的粒径很小，可以直接扩散进入肠道细胞中。由于经胰酶消化的CCM/WP纳米乳化液的P_{app}值最高，说明消化-吸收机制是CCM/WP纳米乳化液中姜黄素的主要吸收机制。而且，乳化液分散中油相的水解对姜黄素的吸收也有着重要影响。Yu和Huang的研究也得出了相似的结果。他们利用Tween 20和MCT制备纳米乳化液运载姜黄素，在细胞转运实验中得出，经脂肪酶水解后的样品，其姜黄素吸收率显著高于未经脂肪酶作用的样品。

对于β-Lg/CCM复合物，未经消化酶作用的样品，其姜黄素吸收率显著高于经酶作用的样品，且P_{app}值与经消化的CCM/WP纳米乳化样品的P_{app}值十分接近。即使复合物经酶作用后，姜黄素的吸收率也高于完整的CCM/WP纳米乳化液（NE）、其蛋白水解样品（PHNE）和姜黄素分散液。这一结果说明，β-Lg/CCM复合物在肠道中也存在两种吸收机制。一种是消化-吸收机制，即β-Lg/CCM复合物经胰蛋白酶水解后，β-Lg分子分解，其β-桶状结构解体，姜黄素被释放并由肠道细胞吸收。另一种是直接扩散吸收机制，即在肠道中β-Lg/CCM 复合物直接被小肠上皮细胞吸收，这主要是因为β-Lg/CCM 复合物是以分子状态存在，粒度远远小于纳米乳化液中的分散相粒度，更容易通过扩散作用进入肠道细胞内。

当β-Lg/CCM 复合物被胰蛋白酶作用后，并没有出现结晶析出或沉淀的姜黄素。这可能是因为，当复合物被胰蛋白酶作用后，β-Lg 的空间结构破坏，多肽链伸展，并且在蛋白酶的作用下多肽链变短，更多的疏水性基团暴露出来，这些疏水性基团可能会与姜黄素分子通过疏水作用力聚集在一起，使姜黄素没有结晶析出。β-Lg/CCM 复合物胰酶消化液样品的 P_{app} 值虽然低于 BLC 样品的 P_{app} 值，但仍然具有较高的 P_{app} 值（5.77×10^{-5}cm/s），而且，β-Lg 对胰蛋白酶非常敏感，易被其水解。因此，肠道细胞在对β-Lg/CCM 复合物的吸收过程中，以上两种吸收机制可能会同时存在。Yu 等人利用牛血清白蛋白（BSA）为载体，通过 Caco-2 细胞吸收实验，测定了姜黄素与 BSA 形成 BSA-CCM 复合物前后的 P_{app} 值。其研究结果显示，姜黄素在肠道中的吸收机制属于被动扩散，说明在制备姜黄素运载体系时，产品中姜黄素的载药量对姜黄素的吸收率有重要影响；当姜黄素与 BSA 反应形成 BSA-CCM 复合物后，BSA-CCM 复合物的 P_{app} 值为 3.5×10^{-6}cm/s，该结果显著低于本研究制备的β-Lg/CCM 复合物的 P_{app} 值，这可能是由于该研究所使用的姜黄素浓度（20μg/mL）较低的原因。

姜黄素分散液由在配制过程中利用 PBS 对姜黄素乙醇溶液稀释后得到。由于姜黄素不溶于水，所以在稀释后姜黄素结晶析出，旋涡振荡后只能分散在溶液中。这是导致其吸收率低的主要原因。

综上所述，CCM/WP 纳米乳化液和β-Lg/CCM 复合物是两种理想的载体，可以显著提高姜黄素的溶解度和吸收率。尤其是 CCM/WP 纳米乳化液，较β-Lg/CCM 复合物具有更高的载药量，同时具有制备工艺简单、原料来源广泛的特点。

6.5 β-Lg/CCM 复合物和 CCM/WP 纳米乳化液的免疫反应

联合国粮农组织和世界卫生组织（FAO/WHO）认定的导致人类食物过敏的八大类食品中，牛乳及其制品就是其中之一。牛乳导致的食物过敏严重影响了部分人群，特别是婴幼儿的健康。婴儿免疫系统相对未发育成熟，易受环境过敏源的影响，牛乳过敏在婴幼儿中的发生率明显高于成年人，刚出生的婴幼儿牛乳过敏的发生率约为 2.5%。

食物过敏总体上可分为 IgE 介导的和非 IgE 介导的两大类。目前普遍认为牛乳过敏主要是由特异性的 IgE 介导的过敏反应。但 IgG 在牛乳过敏反应中的作用仍然十分重要。绝大多数牛乳蛋白都具有潜在的致敏性，其中的 β-乳球蛋白、酪蛋白、α-乳白蛋白被认为是主要的过敏原。

食物过敏的免疫学本质是抗原决定簇和抗体分子之间的特异性结合。因此，β-Lg 与姜黄素形成复合物后其致敏性的变化取决于其结构的变化是否改变了其抗原表位。对 CCM/WP 纳米乳化液的中的牛乳清蛋白同样如此。本研究通过 ELISA 方法检测了 β-Lg 和 β-Lg/CCM 之间及乳清分离蛋白和 CCM/WP 纳米乳化液之间的致敏性差异。

6.5.1 β-Lg/CCM 复合物的免疫反应

实验中利用天然的牛乳 β-Lg 免疫 BALB/c 小鼠制备的抗 β-Lg 单克隆抗体，采用酶联免疫法测定 β-Lg/CCM 复合物的免疫反应，以探讨 β-Lg 与姜黄素反应前后致敏性的变化，测定结果以吸光度表示样品致敏性的强弱，吸光度值越高反应样品的致敏性越强。实验结果如图 6-7 所示。

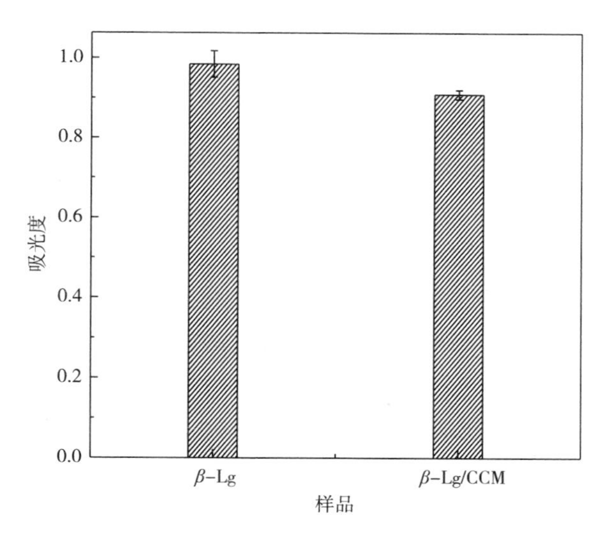

图 6-7　β-Lg/CCM 复合物的免疫反应实验

由图 6-7 可知，β-Lg/CCM 复合物的致敏性低于天然 β-Lg（$P<0.05$）。CCM/WP 纳米乳化液的致敏性也显著低于牛乳清分离蛋白（$P<0.01$）。从分子水平而言，抗原免疫反应性的变化主要基础是抗原表位结构是否被破坏或抗原表位与抗体接近时是否存在空间阻力。β-Lg 的主要 IgE 抗原表位为：^{1}Leu-^{8}Lys，^{25}Ala-^{40}Arg，^{41}Val-^{60}Lys，^{102}Tyr-^{124}Val 和^{149}Arg-^{162}Ile；主要 IgG 抗原表位为：^{51}Glu-^{64}Asp，^{67}Arg-^{88}Asn，^{129}Asp-^{144}Pro，^{139}Arg-^{156}Thr。根据 β-Lg 的结构可知，^{1}Leu-^{8}Lys 主要为 α-螺旋，^{25}Ala-^{40}Arg 是 α-螺旋，^{41}Val-^{60}Lys 部分是 β-折叠，^{102}Tyr-^{124}Val 是 β-折叠，^{149}Arg-^{162}Ile 部分是 β-折叠，^{51}Glu-^{64}Asp 主要为 β-折叠，^{67}Arg-^{88}Asn 主要为 β-折叠，^{129}Asp-^{144}Pr 主要为 α-螺旋，^{139}Arg-^{156}Thr 有小部分结构是 α-螺旋。可知 β-Lg 抗原表位主要是 α-螺旋和 β-折叠结构。

根据 β-Lg 与姜黄素结合特性的研究显示，当 β-Lg 与姜黄素形成复合后，β-Lg 的二级结构发生一定程度的改变。α-螺旋从 14%增加到 29%，β-折叠从 34%增加到 38%。β-Lg/CCM 复合物的致敏性低于天然 β-Lg 的原因可能是，当 β-Lg 与姜黄素形成复合物后，β-Lg 的二级结构发生了一定程度的变化，导致 β-Lg 的抗原结构发生改变，致敏性下降。

6.5.2 CCM/WP 纳米乳化液的免疫反应

CCM/WP 纳米乳化液的免疫反应实验结果如图 6-8 所示。

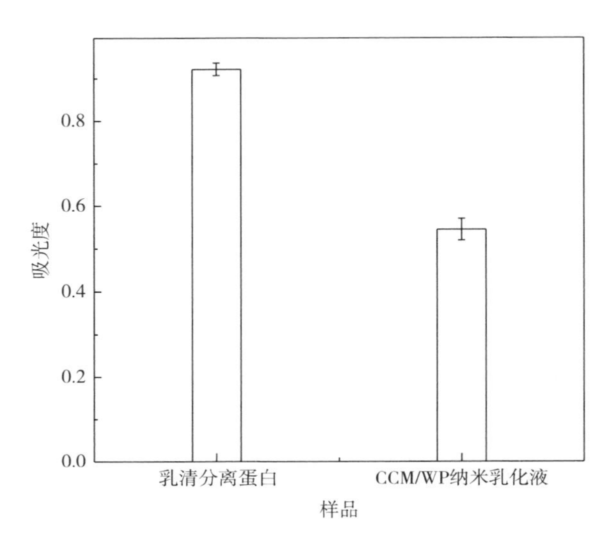

图 6-8 乳清分离蛋白和 CCM/WP 纳米乳化液的免疫反应实验

因为人乳中缺少 β-Lg，所以 β-Lg 成为牛乳中致敏性相对较强的一种蛋白质。由图 6-2 的结果可知，CCM/WP 纳米乳化液中的蛋白质的主要成分是 β-Lg，所以实验中仅通过测定 CCM/WP 纳米乳化液中 β-Lg 的致敏性变化来反应 CCM/WP 纳米乳化产品的致敏性。测定方法同 6.5.1，以探讨乳清分离蛋白（WPI）在形成 CCM/WP 纳米乳化液前后其致敏性的变化，测定结果以吸光度表示样品致敏性的强弱，吸光度值越高反应样品的致敏性越强。

由图 6-8 可知，对于 CCM/WP 蛋白纳米乳化体系，其致敏性与牛乳清分离蛋白表现出了极其显著的差异（$P<0.01$）。CCM/WP 纳米乳化液的致敏性显著低于乳清分离蛋白。CCM/WP 纳米乳化液的致敏性低于乳清分离蛋白的原因可能是，在乳化液形成过程中，蛋白质吸附到油滴表面，蛋白质分子结构发生改变，导致抗原表位发生变化，降

低了乳化液的致敏性。或是由于在制备 CCM/WP 纳米乳化液时，所使用的蛋白质浓度较高，在 CCM/WP 纳米乳化液的形成过程中，可以提供大量的蛋白质分子迅速吸附到分散相表面，通过蛋白质分子表面的疏水性区域与油相结合，在油滴表面形成一层或多层致密的分子层，使得 β-Lg 分子中的某些抗原表位无法与抗体接触发生免疫反应，导致 CCM/WP 纳米乳化液的致敏性显著降低。Wu 等人在 β-Lg 与茶多酚主要活性成分相互结合对蛋白免疫反应性的影响的研究中也得出类似的结果。其研究结果显示，当茶多酚（EGCG 和 EGC）与 β-Lg 通过疏水作用力和氢键结合形成复合物后，降低了 β-Lg 的致敏性。其原因是 EGCG 或 EGC 可能直接结合在抗原表位上或抗原附近，导致抗体与抗原之间产生空间位阻，从而使抗体与抗原的结合能力下降，降低了 β-Lg 的致敏性。

6.6　本章小结

体外消化和吸收实验证明 β-Lg/CCM 复合物和 CCM/WP 纳米乳化液都具有抵抗胃蛋白酶的作用，但易被胰酶降解。由各样品的 P_{app} 值可知，β-Lg/CCM 复合物和经胰酶消化后的 CCM/WP 纳米乳化液中的姜黄素吸收率最高，而且两者 P_{app} 值十分接近。而未经消化的 CCM/WP 纳米乳化液和姜黄素分散液的吸收率最低。

肠道细胞对 CCM/WP 纳米乳化液中姜黄素的吸收主要是通过消化—吸收机制。即姜黄素是伴随纳米乳化液中分散相经蛋白酶和脂肪酶的水解过程被肠道细胞逐步吸收的。而 β-Lg/CCM 复合物在肠道中的吸收以直接扩散和消化—吸收两种机制同时进行。致敏性实验结果显示，β-Lg/CCM 复合物的致敏性较 β-Lg 略有降低。CCM/WP 纳米乳化液的致敏性显著低于乳清分离蛋白。

结　语

结论

本文考察了脉冲超声、微波和高压脉冲电场技术对姜黄素提取得率的影响；研究了β-乳球蛋白/姜黄素（β-Lg/CCM）复合物的形成、结构表征及性质；研究了姜黄素纳米乳化体系的最佳制备工艺及其稳定性和对姜黄素的保护作用；考察了β-Lg/CCM复合物和姜黄素/乳清蛋白（CCM/WP）纳米乳化体系对姜黄素生物利用率的影响。主要结论如下。

（1）采用单因素和响应面优化实验得出，脉冲超声辅助提取最佳工艺为：超声振幅为60%，乙醇浓度为83%，料液比为1∶200，脉冲时间为3/1、超声提取时间为10min。脉冲超声辅助提取的效果优于连续超声提取效果。微波辅助提取最佳工艺为：乙醇浓度为72%，微波功率为20%，微波提取为7min。通过对姜黄素的得率、提取效率及能耗等因素的对比得出，微波更适合作为姜黄素类化合物的辅助提取技术，而高压脉冲电场处理引起姜黄素类化合物得率的下降，不适合作为姜黄素类化合物的提取技术。

（2）β-Lg与姜黄素反应特性为，每分子β-Lg通过疏水作用力与1分子姜黄素结合，而且姜黄素的结合会对蛋白质的二级结构产生一定程度的影响。在pH=6.0的条件下姜黄素结合在β-Lg表面疏水性区域；而在pH=7.0的条件下姜黄素结合在β-Lg内部β-桶状区域。姜黄素与β-Lg内部β-桶状区域的结合较表面疏水区域更加牢固。当姜黄素与β-Lg复合后，不仅提高了β-Lg的热稳定性，同时使姜黄素的溶解度提高了1590多倍，而且复合物在不同的pH条件下具有比较好的稳定性。在抗氧化实验中，β-Lg/CCM 复合物的形成降低了姜黄素清除自由基的能力，但却提高了还原 Fe^{3+} 的能力。

（3）CCM/WP 纳米乳化液最佳工艺参数为：蛋白质浓度为 5g/100mL，油水比为 20%（*V/V*），均质压力为 60MPa，循环 3 次，所得纳米乳化液分散相的粒径在 200nm 左右。CCM/WP 纳米乳化液在不同离子强度、高温及贮藏性方面都表现出了良好的稳定性，并对姜黄素起到了良好的保护作用。然而，ι-卡拉胶仅仅提高了纳米乳化体系在其等电点的稳定性，对纳米乳化体系在高温条件下的稳定性没有影响，却会显著降低纳米乳化体系的贮藏稳定性。而且，当 ι-卡拉胶浓度在较高范围内时，ι-卡拉胶会降低姜黄素纳米乳化体系在高离子强度条件下的稳定性。

（4）β-Lg/CCM 复合物和 CCM/WP 纳米乳化液可以抵抗胃蛋白酶的作用，从而有利于姜黄素能够顺利地被运载至肠道，有利于姜黄素的充分吸收。β-Lg/CCM 复合物和经胰酶消化后的纳米乳化液中的姜黄素吸收率最高，而且两者 P_{app} 值十分接近，而未经消化的纳米乳化液和姜黄素分散液的吸收率最低。在肠道中，肠道细胞对纳米乳化液中姜黄素的吸收主要是通过消化-吸收机制。即姜黄素是伴随着纳米乳化液中分散相经蛋白酶和脂肪酶的水解过程被肠道细胞逐步吸收的。而 β-Lg/CCM 复合物在肠道中的吸收可能会以直接扩散和消化-吸收两种机制同时进行。致敏性实验结果显示，β-Lg/CCM 复合物的致敏性较 β-Lg 略有降低。姜黄素牛乳清蛋白纳米乳化液的致敏性显著低于乳清分离蛋白。

创新点

（1）利用脉冲超声和高压脉冲电场提取姜黄素。研究结果揭示，脉冲超声辅助提取的效果优于连续超声提取效果，且与微波辅助提取几乎具有相同的提取得率和提取效率；而高压脉冲电场会引起姜黄素的得率下降，不适合作为姜黄素的辅助提取技术。

（2）β-乳球蛋白与姜黄素反应的研究报道较少，主要采用的研究手段是荧光光谱法，且结果存在矛盾，而β-乳球蛋白/姜黄素复合物的 pH 值稳定性、热特性及抗氧化能力的研究还未见报道。本研究通过结合傅里叶红外光谱与荧光光谱分析法进一步明确了β-乳球蛋白与姜黄素的结合部位、结合数量及作用力等反应特性，并考察了复合物的 pH 值稳定性、热特性及抗氧化活力，研究结果表明，复合物具有良好的 pH 值稳定性和热稳定性；复合物的形成提高了姜黄素在水中的溶解度，但降低了姜黄素清除自由基的能力。

（3）利用牛乳清蛋白制备乳化液的研究虽然已有报道，但利用牛乳清蛋白制备纳米乳化体系并运载姜黄素的研究还未见报道。本研究证明：利用牛乳清蛋白制备的姜黄素纳米乳化体系在不同离子强度、高温及贮藏性方面都表现出了良好的稳定性，并对姜黄素起到了良好的保护作用，而ι-卡拉胶的加入却降低了姜黄素纳米乳化体系的贮藏稳定性及其在高离子条件下的稳定性，这一结果表明，当采用较高浓度的乳清蛋白制备 CCM/WP 纳米乳化体系时，ι-卡拉胶的加入会对 CCM/WP 纳米乳化体系的稳定性产生不利影响。

（4）本文研究了β-乳球蛋白/姜黄素复合物和姜黄素纳米乳化液在胃肠道环境下的消化性及其对姜黄素吸收率的影响。研究结果表明β-乳球蛋白/姜黄素复合物和姜黄素纳米乳化液是两种理想的载体，显著提高了姜黄素的吸收率。纳米乳化液中姜黄素的吸收主要是通过消化—吸收机制。而β-乳球蛋白/姜黄素复合物在肠道中的吸收可以直接扩散和消化—吸收两种机制同时进行。

展望

姜黄素具有抗氧化等多种生物学功能，使姜黄素在食品及医药领域的研究与应用受到极大的关注。虽然本文研究了β-乳球蛋白和牛乳清蛋白纳米乳化体系对姜黄素的运载机制，但在以下几个方面仍需进行深入研究：

（1）β-乳球蛋白/姜黄素复合物及姜黄素纳米乳化产品在不同类型食品中的应用特性。

（2）β-乳球蛋白/姜黄素复合物及姜黄素纳米乳化产品对姜黄素体内代谢的影响。

参考文献

[1] Araujo C A C, Leon L L. Biological Activities of Curcuma Longa L. [J]. Memorias Do Instituto Oswaldo Cruz, 2001, 96 (5): 723-728.

[2] Aggarwal B B, Sundaram C, Malani N, et al. Curcumin: The Indian Solid Gold [J]. Molecular Targets and Therapeutic Uses of Curcumin in Health and Disease, 2007, 595: 1-57.

[3] Shishodia S, Chaturvedi M M, Aggarwal B B. Role of Curcumin in Cancer Therapy [J]. Current Problems in Cancer, 2007, 31 (4): 243-305.

[4] Anand P, Sundaram C, Jhurani S, et al. Curcumin and Cancer: An "Old-Age" Disease with an "Age-Old" Solution [J]. Cancer Letters, 2008, 267 (1): 133-164.

[5] Stankovic I. Curcumin [J]. Chemical and Technical Assessment (CTA) FAO, 2004.

[6] Litwinienko G, Ingold K U. Abnormal Solvent Effects on Hydrogen Atom Abstraction. 2. Resolution of the Curcumin Antioxidant Controversy. The Role of Sequential Proton Loss Electron Transfer [J]. Journal of Organic Chemistry, 2004, 69 (18): 5888-5896.

[7] Jayaprakasha G K, Rao L J, Sakariah K K. Antioxidant Activities of Curcumin, Demethoxycurcumin and Bisdemethoxycurcumin [J]. Food Chemistry, 2006, 98 (4): 720-724.

[8] Barclay L R C, Vinqvist M R, Mukai K, et al. On the Antioxidant

Mechanism of Curcumin: Classical Methods Are Needed to Determine Antioxidant Mechanism and Activity [J]. Organic Letters, 2000, 2 (18): 2841-2843.

[9] Feng J Y, Liu Z Q. Phenolic and Enolic Hydroxyl Groups in Curcumin: Which Plays the Major Role in Scavenging Radicals? [J]. Journal of Agricultural and Food Chemistry, 2009, 57 (22): 11041-11046.

[10] Sun Y M, Zhang H Y, Chen D Z, et al. Theoretical Elucidation on the Antioxidant Mechanism of Curcumin: A Dft Study [J]. Organic Letters, 2002, 4 (17): 2909-2911.

[11] Wang Y J, Pan M H, Cheng A L, et al. Stability of Curcumin in Buffer Solutions and Characterization of Its Degradation Products [J]. Journal of Pharmaceutical and Biomedical Analysis, 1997, 15 (12): 1867-1876.

[12] Tonnesen H H, Masson M, Loftsson T. Studies of Curcumin and Curcuminoids. Xxvii. Cyclodextrin Complexation: Solubility, Chemical and Photochemical Stability [J]. International Journal of Pharmaceutics, 2002, 244 (1-2): 127-135.

[13] 周明，李泽阳，王欢．姜黄素的理化性质、提取技术与营养保健作用 [J]. 饲料与畜牧，2013 (6): 5-7.

[14] 冉啟良，周显荣．姜黄素制取新工艺的研究 [J]. 食品科学，1988 (5): 12-15.

[15] 宋长生，武宝萍，王慧彦，等．用碱溶液法从姜黄中提取姜黄素的研究 [J]. 精细石油化工进展，2006 (4): 39-41.

[16] Wang Y-J, Pan M-H, Cheng A-L, et al. Stability of Curcumin in Buffer Solutions and Characterization of Its Degradation Products [J]. Journal of Pharmaceutical and Biomedical Analysis, 1997, 15 (12): 1867-1876.

[17] 张丽，黄力，李扬，等．丙酮提取姜黄中姜黄素的工艺研究[J]．应用化工，2009（3）：343-344，348.
[18] 董海丽，纵伟．酶法提取姜黄素的研究[J]．纯碱工业，2000（6）：55-56，60.
[19] 张有林，韩军岐，卢琛慧，等．姜黄色素提取及防腐效果研究[J]．农业工程学报，2005（2）：144-148.
[20] 韩刚，韩学成，张卫国．表面活性剂提高姜黄素提取率的研究[J]．中成药，2004（4）：13-15.
[21] 刘新桥，袁桥玉，陈科力．姜黄中总姜黄素纯化方法的比较[J]．中南药学，2004（4）：208-211.
[22] Wang L J，Weller C L. Recent Advances in Extraction of Nutraceuticals from Plants [J]. Trends in Food Science & Technology，2006，17（6）：300-312.
[23] 宿树兰，吴启南，欧阳臻，等．超临界 CO_2 萃取测定姜黄中姜黄素的实验研究[J]．中国中药杂志，2004（9）：40-43.
[24] 张丽，刘怀金，阎建辉，等．植物姜黄中姜黄素的超临界 CO_2 流体萃取工艺研究[J]．湖南理工学院学报（自然科学版），2007（4）：69-71.
[25] 姚煜东，林英光，杨承鸿．超临界二氧化碳萃取姜黄素的工艺研究[J]．牙膏工业，2007（1）：17-19.
[26] 罗海，李玉锋，刘瑶．超临界 CO_2 流体萃取法提取姜黄素的研究[J]．现代食品科技，2010（4）：400-401，405.
[27] 李湘洲，张炎强，张金玲，等．超临界 CO_2 萃取与微波法联用提取姜黄有效成分的研究[J]．林业科学，2007（5）：85-89.
[28] 王平，刘川生，章银军，等．微波辅助萃取姜黄素的研究[J]．中国天然药物，2004（5）：66-67.
[29] 唐课文，易健民，李立．微波萃取吸附分离法提取姜黄素的研

究［J］. 化工进展，2005（6）：647-650.
［30］安胜欣，王强，彭绍平．微波法提取姜黄素的研究［J］. 科技信息，2008（27）：40.
［31］张丽，刘怀金，黄柞青，等．微波辅助提取姜黄中姜黄素的研究［J］. 湖南理工学院学报（自然科学版），2009（4）：71-74.
［32］秦炜，郑涛，原永辉，等．超声场对姜黄素提取过程的强化［J］. 清华大学学报（自然科学版），1998（6）：47-49.
［33］刘树兴，胡小军，张薇，等．超声强化提取姜黄色素的研究［J］. 食品科技，2004（2）：53-55.
［34］胡忠泽，谭志静，杨久峰，等．超声法提取姜黄素最佳工艺研究［J］. 中国实验方剂学杂志，2005（2）：6-7.
［35］袁英髦，曹雁平．低芳香成分姜黄素超声提取技术研究［J］. 食品工业科技，2013（14）：299-302.
［36］张丽，刘怀金，黄力，等．混合醇与微波辅助提取姜黄素的工艺研究［J］. 广东化工，2009（10）：14-15，43.
［37］王丽娜，李坚柱，刘彩琴．响应面法优化微波辅助提取姜黄中姜黄素工艺的研究［J］. 食品工业科技，2012（20）：248-250，254.
［38］唐小清，高苏亚，范涛，等．中药姜黄中姜黄素的超声提取法条件的选择［J］. 广州化工，2013（17）：101-102，105.
［39］Mandal V，Mohan Y，Hemalatha S. Microwave Assisted Extraction of Curcumin by Sample－Solvent Dual Heating Mechanism Using Taguchi L-9 Orthogonal Design［J］. Journal of Pharmaceutical and Biomedical Analysis，2008，46（2）：322-327.
［40］Dandekar D V，Gaikar V G. Microwave Assisted Extraction of Curcuminoids from Curcuma Longa［J］. Separation Science and Technology，2002，37（11）：2669-2690.

[41] Wakte P S, Sachin B S, Patil A A, et al. Optimization of Microwave, Ultra-Sonic and Supercritical Carbon Dioxide Assisted Extraction Techniques for Curcumin from Curcuma Longa [J]. Separation and Purification Technology, 2011, 79 (1): 50-55.

[42] Wu S Y, Perez M D, Puyol P, et al. Beta-Lactoglobulin Binds Palmitate within Its Central Cavity [J]. Journal of Biological Chemistry, 1999, 274 (1): 170-174.

[43] Thompson A, Boland M, Singh H. Milk Proteins-from Expression to Food [M]. Elsevier, 2009.

[44] Verheul M, Pedersen J S, Roefs S P F M, et al. Association Behavior of Native Beta-Lactoglobulin [J]. Biopolymers, 1999, 49 (1): 11-20.

[45] Narayan M, Berliner L J. Fatty Acids and Retinoids Bind Independently and Simultaneously to Beta-Lactoglobulin [J]. Biochemistry, 1997, 36 (7): 1906-1911.

[46] Nicolai T, Britten M, Schmitt C. Beta-Lactoglobulin and Wpi Aggregates: Formation, Structure and Applications [J]. Food Hydrocolloids, 2011, 25 (8): 1945-1962.

[47] Lefevre T, Subirade M. Molecular Structure and Interaction of Biopolymers as Viewed by Fourier Transform Infrared Spectroscopy: Model Studies on Beta-Lactoglobulin [J]. Food Hydrocolloids, 2001, 15 (4-6): 365-376.

[48] Galani D, Richard K O. Revised Equilibrium Thermodynamic Parameters for Thermal Denaturation of B-Lactoglobulin at pH 2.6 [J]. Thermochimica Acta, 2000, 363 (1-2): 137-142.

[49] Liu H C, Chen W L, Mao S J T. Antioxidant Nature of Bovine Milk Beta-Lactoglobulin [J]. Journal of Dairy Science, 2007, 90 (2):

547-555.

[50] Sarkar A, Goh K K T, Singh R P, et al. Behaviour of an Oil-in-Water Emulsion Stabilized by Beta-Lactoglobulin in an in Vitro Gastric Model [J]. Food Hydrocolloids, 2009, 23 (6): 1563-1569.

[51] Harvey B J, Bell E, Brancaleon L. A Tryptophan Rotamer Located in a Polar Environment Probes Ph-Dependent Conformational Changes in Bovine Beta-Lactoglobulin A [J]. The Journal of Physical Chemistry B, 2007, 111 (10): 2610-2620.

[52] Kontopidis G, Holt C, Sawyer L. Invited Review: Beta-Lactoglobulin: Binding Properties, Structure, and Function [J]. Journal of Dairy Science, 2004, 87 (4): 785-796.

[53] Hasni I, Bourassa P, Tajmir-Riahi H A. Binding of Cationic Lipids to Milk Beta-Lactoglobulin [J]. Journal of Physical Chemistry B, 2011, 115 (20): 6683-6690.

[54] Kong J, Yu S. Fourier Transform Infrared Spectroscopic Analysis of Protein Secondary Structures [J]. Acta Biochimica Et Biophysica Sinica, 2007, 39 (8): 549-559.

[55] Lakowicz J R. Principles of Fluorescence Spectroscopy [J]. Springer, 2006: 443-472.

[56] Mensi A, Borel P, Goncalves A, et al. Beta-Lactoglobulin as a Vector for Beta-Carotene Food Fortification [J]. Journal of Agricultural and Food Chemistry, 2014, 62 (25): 5916-5924.

[57] Perez A A, Andermatten R B, Rubiolo A C, et al. Beta-Lactoglobulin Heat-Induced Aggregates as Carriers of Polyunsaturated Fatty Acids [J]. Food Chemistry, 2014, 158: 66-72.

[58] Loch J I, Bonarek P, Polit A, et al. Binding of 18-Carbon Unsaturated Fatty Acids to Bovine Beta-Lactoglobulin-Structural and Ther-

modynamic Studies [J]. International Journal of Biological Macromolecules, 2013, 57: 226-231.

[59] Rovoli M, Gortzi O, Lalas S, et al. Beta-Lactoglobulin Improves Liposome's Encapsulation Properties for Vitamin E Delivery [J]. Journal of Liposome Research, 2014, 24 (1): 74-81.

[60] Shpigelman A, Shoham Y, Israeli-Lev G, et al. Beta-Lactoglobulin-Naringenin Complexes: Nano-Vehicles for the Delivery of a Hydrophobic Nutraceutical [J]. Food Hydrocolloids, 2014, 40: 214-224.

[61] Gholami S, Bordbar A K. Exploring Binding Properties of Naringenin with Bovine Beta-Lactoglobulin: A Fluorescence, Molecular Docking and Molecular Dynamics Simulation Study [J]. Biophysical Chemistry, 2014, 187: 33-42.

[62] Paul B K, Ghosh N, Mukherjee S. Binding Interaction of a Prospective Chemotherapeutic Antibacterial Drug with Beta-Lactoglobulin: Results and Challenges [J]. Langmuir, 2014, 30 (20): 5921-5929.

[63] Mehraban M H, Yousefi R, Taheri-Kafrani A, et al. Binding Study of Novel Anti-Diabetic Pyrimidine Fused Heterocycles to Beta-Lactoglobulin as a Carrier Protein [J]. Colloids and Surfaces B-Biointerfaces, 2013, 112: 374-379.

[64] Le Maux S, Bouhallab S, Giblin L, et al. Bovine Beta-Lactoglobulin/Fatty Acid Complexes: Binding, Structural, and Biological Properties [J]. Dairy Science & Technology, 2014, 94 (5): 409-426.

[65] Perez O E, David-Birman T, Kesselman E, et al. Milk Protein-Vitamin Interactions: Formation of Beta-Lactoglobulin/Folic Acid

Nano-Complexes and Their Impact on in Vitro Gastro-Duodenal Proteolysis [J]. Food Hydrocolloids, 2014, 38: 40-47.

[66] Yi J, Lam T I, Yokoyama W, et al. Controlled Release of Beta-Carotene in Beta-Lactoglobulin-Dextran-Conjugated Nanoparticles' in Vitro Digestion and Transport with Caco-2 Monolayers [J]. Journal of Agricultural and Food Chemistry, 2014, 62 (35): 8900-8907.

[67] Zhang Y, Wright E, Zhong Q X. Effects of Ph on the Molecular Binding between Beta-Lactoglobulin and Bixin [J]. Journal of Agricultural and Food Chemistry, 2013, 61 (4): 947-954.

[68] Diarrassouba F, Garrait G, Remondetto G, et al. Increased Stability and Protease Resistance of the Beta-Lactoglobulin/Vitamin D-3 Complex [J]. Food Chemistry, 2014, 145: 646-652.

[69] Kanakis C D, Tarantilis P A, Polissiou M G, et al. Probing the Binding Sites of Resveratrol, Genistein, and Curcumin with Milk Beta-Lactoglobulin [J]. Journal of Biomolecular Structure & Dynamics, 2013, 31 (12): 1455-1466.

[70] Ma J Q, Guan R F, Chen X Q, et al. Response Surface Methodology for the Optimization of Beta-Lactoglobulin Nano-Liposomes [J]. Food & Function, 2014, 5 (4): 748-754.

[71] Ghalandari B, Divsalar A, Saboury A A, et al. Spectroscopic and Theoretical Investigation of Oxali-Palladium Interactions with Beta-Lactoglobulin [J]. Spectrochimica Acta Part a-Molecular and Biomolecular Spectroscopy, 2014, 118: 1038-1046.

[72] Wu X L, Dey R, Wu H, et al. Studies on the Interaction of Epigallocatechin-3-Gallate from Green Tea with Bovine Beta-Lactoglobulin by Spectroscopic Methods and Docking [J]. International Journal

of Dairy Technology, 2013, 66 (1): 7-13.

[73] Lestringant P, Guri A, Gulseren I, et al. Effect of Processing on Physicochemical Characteristics and Bioefficacy of Beta-Lactoglobulin-Epigallocatechin-3-Gallate Complexes [J]. Journal of Agricultural and Food Chemistry, 2014, 62 (33): 8357-8364.

[74] Wang Q, Allen J C, Swaisgood H E. Binding of Lipophilic Nutrients to [Beta] -Lactoglobulin Prepared by Bioselective Adsorption [J]. Journal of Dairy Science, 1999, 82 (2): 257-264.

[75] Wang Q W, Allen J C, Swaisgood H E. Binding of Vitamin D and Cholesterol to Beta-Lactoglobulin [J]. Journal of Dairy Science, 1997, 80 (6): 1054-1059.

[76] Dodin G, Andrieux M, Kabbani H. Binding of Ellipticine to Beta-Lactoglobulin. A Physico-Chemical Study of the Specific Interaction of an Antitumor Drug with a Transport Protein [J]. Eur J Biochem, 1990, 193 (3): 697-700.

[77] Lange D C, Kothari R, Patel R C, et al. Retinol and Retinoic Acid Bind to a Surface Cleft in Bovine Beta-Lactoglobulin: A Method of Binding Site Determination Using Fluorescence Resonance Energy Transfer [J]. Biophysical Chemistry, 1998, 74 (1): 45-51.

[78] Divsalar A, Saboury A A, Mansoori-Torshizi H, et al. Comparative Studies on the Interaction between Bovine Beta-Lacto-Globulin Type a and B and a New Designed Pd (Ii) Complex with Anti-Tumor Activity at Different Temperatures [J]. Journal of Biomolecular Structure & Dynamics, 2009, 26 (5): 587-597.

[79] Liang L, Tajmir-Riahi H A, Subirade M. Interaction of Β-Lactoglobulin with Resveratrol and Its Biological Implications [J]. Biomacromolecules, 2007, 9 (1): 50-56.

[80] Kanakis C D, Hasni I, Bourassa P, et al. Milk Beta-Lactoglobulin Complexes with Tea Polyphenols [J]. Food Chemistry, 2011, 127 (3): 1046-1055.

[81] Ragona L, Zetta L, Fogolari F, et al. Bovine Β-Lactoglobulin: Interaction Studies with Palmitic Acid [J]. Protein Science, 2000, 9 (7): 1347-1356.

[82] Liu Y C, Yang Z Y, Du J, et al. Interaction of Curcumin with Intravenous Immunoglobulin: A Fluorescence Quenching and Fourier Transformation Infrared Spectroscopy Study [J]. Immunobiology, 2008, 213 (8): 651-661.

[83] Bourassa P, Kanakis C D, Tarantilis P, et al. Resveratrol, Genistein, and Curcumin Bind Bovine Serum Albumin [J]. Journal of Physical Chemistry B, 2010, 114 (9): 3348-3354.

[84] Mandeville J S, Froehlich E, Tajmir-Riahi H A. Study of Curcumin and Genistein Interactions with Human Serum Albumin [J]. Journal of Pharmaceutical and Biomedical Analysis, 2009, 49 (2): 468-474.

[85] Xie M X, Xu X Y, Wang Y D. Interaction between Hesperetin and Human Serum Albumin Revealed by Spectroscopic Methods [J]. Biochimica Et Biophysica Acta-General Subjects, 2005, 1724 (1-2): 215-224.

[86] Liu Y C, He W Y, Gao W H, et al. Binding of Wogonin to Human Gammaglobulin [J]. International Journal of Biological Macromolecules, 2005, 37 (1-2): 1-11.

[87] Kiokias S, Dimakou C, Oreopoulou V. Effect of Heat Treatment and Droplet Size on the Oxidative Stability of Whey Protein Emulsions [J]. Food Chemistry, 2007, 105 (1): 94-100.

[88] Shukat R, Relkin P. Lipid Nanoparticles as Vitamin Matrix Carriers

in Liquid Food Systems: On the Role of High-Pressure Homogenisation, Droplet Size and Adsorbed Materials [J]. Colloids Surf B Biointerfaces, 86 (1): 119-124.

[89] Mao L K, Xu D X, Yang J, et al. Effects of Small and Large Molecule Emulsifiers on the Characteristics of Beta-Carotene Nanoemulsions Prepared by High Pressure Homogenization [J]. Food Technology and Biotechnology, 2009, 47 (3): 336-342.

[90] He W, Tan Y N, Tian Z Q, et al. Food Protein-Stabilized Nanoemulsions as Potential Delivery Systems for Poorly Water-Soluble Drugs: Preparation, in Vitro Characterization, and Pharmacokinetics in Rats [J]. International Journal of Nanomedicine, 2011, 6: 521-533.

[91] Thompson A, Boland M, Singh H. Milk Proteins-from Expression to Food [M]. Elsevier, 2009.

[92] Matalanis A, Jones O G, McClements D J. Structured Biopolymer-Based Delivery Systems for Encapsulation, Protection, and Release of Lipophilic Compounds [J]. Food Hydrocolloids, 2011, 25 (8): 1865-1880.

[93] Dunlap C A, Cote G L. Beta-Lactoglobulin-Dextran Conjugates: Effect of Polysaccharide Size on Emulsion Stability [J]. Journal of Agricultural and Food Chemistry, 2005, 53 (2): 419-423.

[94] Jones O G, Lesmes U, Dubin P, et al. Effect of Polysaccharide Charge on Formation and Properties of Biopolymer Nanoparticles Created by Heat Treatment of Beta-Lactoglobulin-Pectin Complexes [J]. Food Hydrocolloids, 2010, 24 (4): 374-383.

[95] Akhtar M, Dickinson E. Emulsifying Properties of Whey Protein-Dextran Conjugates at Low Ph and Different Salt Concentrations [J].

Colloids and Surfaces B-Biointerfaces, 2003, 31 (1-4): 125-132.

[96] Dickinson E, Parkinson E L. Heat-Induced Aggregation of Milk Protein-Stabilized Emulsions: Sensitivity to Processing and Composition [J]. International Dairy Journal, 2004, 14 (7): 635-645.

[97] Tippetts M, Martini S. Influence of Iota-Carrageenan, Pectin, and Gelatin on the Physicochemical Properties and Stability of Milk Protein-Stabilized Emulsions [J]. Journal of Food Science, 2012, 77 (2): C253-C260.

[98] Huang Q R, Yu H L, Ru Q M. Bioavailability and Delivery of Nutraceuticals Using Nanotechnology [J]. Journal of Food Science, 2010, 75 (1): R50-R57.

[99] Lee S J, McClements D J. Fabrication of Protein-Stabilized Nanoemulsions Using a Combined Homogenization and Amphiphilic Solvent Dissolution/Evaporation Approach [J]. Food Hydrocolloids, 2010, 24 (6-7): 560-569.

[100] Lee S J, Choi Sj Fau-Li Y, Li Y Fau-Decker E A, et al. Protein-Stabilized Nanoemulsions and Emulsions: Comparison of Physicochemical Stability, Lipid Oxidation, and Lipase Digestibility [J]. Journal of Agricultural and Food Chemistry. 2011, 59 (1): 415-427.

[101] Shukat R, Relkin P. Lipid Nanoparticles as Vitamin Matrix Carriers in Liquid Food Systems: On the Role of High-Pressure Homogenisation, Droplet Size and Adsorbed Materials [J]. Colloids & Surfaces B Biointerfaces, 2011, 86 (1): 119-124.

[102] Mao L, Xu D, Yang J, et al. Effects of Small and Large Molecule Emulsifiers on the Characteristics of Beta-Carotene Nanoemulsions Prepared by High Pressure Homogenizatio [J]. Food Technol Bio-

technol, 2009, 47 (3): 336-342.

[103] Dickinson E. Stability and Rheological Implications of Electrostatic Milk Protein-Polysaccharide Interactions [J]. Trends in Food Science & Technology, 1998, 9 (10): 347-354.

[104] Holder G M, Plummer J L, Ryan A J. The Metabolism and Excretion of Curcumin (1, 7-Bis- (4-Hydroxy-3-Methoxyphenyl) - 1, 6-Heptadiene-3, 5-Dione) in the Rat [J]. Xenobiotica, 1978, 8 (12): 761-768.

[105] Ravindranath V, Chandrasekhara N. Absorption and Tissue Distribution of Curcumin in Rats [J]. Toxicology, 1980, 16 (3): 259-265.

[106] 余美荣，蒋福升，丁志山．姜黄素的研究进展 [J]．中草药，2009：828-831.

[107] Anand P, Kunnumakkara A B, Newman R A, et al. Bioavailability of Curcumin: Problems and Promises [J]. Molecular Pharmaceutics, 2007, 4 (6): 807-818.

[108] Sun M, Su X, Ding B, et al. Advances in Nanotechnology-Based Delivery Systems for Curcumin [J]. Nanomedicine, 2012, 7 (7): 1085-1100.

[109] Yallapu M M, Jaggi M, Chauhan S C. Curcumin Nanoformulations: A Future Nanomedicine for Cancer [J]. Drug Discovery Today, 2012, 17 (1-2): 71-80.

[110] Naksuriya O, Okonogi S, Schiffelers R M, et al. Curcumin Nanoformulations: A Review of Pharmaceutical Properties and Preclinical Studies and Clinical Data Related to Cancer Treatment [J]. Biomaterials, 2014, 35 (10): 3365-3383.

[111] Salem M, Rohani S, Gillies E R. Curcumin, a Promising Anti-

Cancer Therapeutic: A Review of Its Chemical Properties, Bioactivity and Approaches to Cancer Cell Delivery [J]. Rsc Advances, 2014, 4 (21): 10815-10829.

[112] Sood S, Jain K, Gowthamarajan K. Optimization of Curcumin Nanoemulsion for Intranasal Delivery Using Design of Experiment and Its Toxicity Assessment [J]. Colloids and Surfaces B-Biointerfaces, 2014, 113: 330-337.

[113] Singh S P, Sharma M, Gupta P K. Enhancement of Phototoxicity of Curcumin in Human Oral Cancer Cells Using Silica Nanoparticles as Delivery Vehicle [J]. Lasers Med Sci, 2014, 29 (2): 645-652.

[114] Shukla P, Mathur V, Kumar A, et al. Nanoemulsion Based Concomitant Delivery of Curcumin and Etoposide: Impact on Cross Talk between Prostate Cancer Cells and Osteoblast During Metastasis [J]. Journal of Biomedical Nanotechnology, 2014, 10 (11): 3381-3391.

[115] Helson L. Curcumin (Diferuloylmethane) Delivery Methods: A Review [J]. Biofactors, 2013, 39 (1): 21-26.

[116] Guri A, Gulseren I, Corredig M. Utilization of Solid Lipid Nanoparticles for Enhanced Delivery of Curcumin in Cocultures of Ht29-Mtx and Caco-2 Cells [J]. Food & Function, 2013, 4 (9): 1410-1419.

[117] Chuah L H, Billa N, Roberts C J, et al. Curcumin-Containing Chitosan Nanoparticles as a Potential Mucoadhesive Delivery System to the Colon [J]. Pharmaceutical Development and Technology, 2013, 18 (3): 591-599.

[118] Li C, Zhang Y, Su T T, et al. Silica-Coated Flexible Liposomes

as a Nanohybrid Delivery System for Enhanced Oral Bioavailability of Curcumin [J]. International Journal of Nanomedicine, 2012, 7: 5995-6002.

[119] Dhule S S, Penfornis P, Frazier T, et al. Curcumin-Loaded Gamma-Cyclodextrin Liposomal Nanoparticles as Delivery Vehicles for Osteosarcoma [J]. Nanomedicine - Nanotechnology Biology and Medicine, 2012, 8 (4): 440-451.

[120] Chen H L, Wu J, Sun M, et al. N-Trimethyl Chitosan Chloride-Coated Liposomes for the Oral Delivery of Curcumin [J]. Journal of Liposome Research, 2012, 22 (2): 100-109.

[121] Basnet P, Hussain H, Tho I, et al. Liposomal Delivery System Enhances Anti-Inflammatory Properties of Curcumin [J]. Journal of Pharmaceutical Sciences, 2012, 101 (2): 598-609.

[122] Anitha A, Maya S, Deepa N, et al. Curcumin-Loaded N, O-Carboxymethyl Chitosan Nanoparticles for Cancer Drug Delivery [J]. Journal of Biomaterials Science-Polymer Edition, 2012, 23 (11): 1381-1400.

[123] Alam S, Panda J J, Chauhan V S. Novel Dipeptide Nanoparticles for Effective Curcumin Delivery [J]. International Journal of Nanomedicine, 2012, 7: 4207-4222.

[124] Akhtar F, Rizvi M M A, Kar S K. Oral Delivery of Curcumin Bound to Chitosan Nanoparticles Cured Plasmodium Yoelii Infected Mice [J]. Biotechnology Advances, 2012, 30 (1): 310-320.

[125] Ahmed K, Li Y, McClements D J, et al. Nanoemulsion-and Emulsion-Based Delivery Systems for Curcumin: Encapsulation and Release Properties [J]. Food Chemistry, 2012, 132 (2): 799-807.

[126] Bisht S, Feldmann G, Soni S, et al. Polymeric Nanoparticle-Encapsulated Curcumin ("Nanocurcumin"): A Novel Strategy for Human Cancer Therapy [J]. J Nanobiotechnology, 2007, 5: 3.

[127] Kim T H, Jiang H H, Youn Y S, et al. Preparation and Characterization of Water-Soluble Albumin-Bound Curcumin Nanoparticles with Improved Antitumor Activity [J]. International Journal of Pharmaceutics, 2011, 403 (1-2): 285-291.

[128] Shaikh J, Ankola D D, Beniwal V, et al. Nanoparticle Encapsulation Improves Oral Bioavailability of Curcumin by at Least 9-Fold When Compared to Curcumin Administered with Piperine as Absorption Enhancer [J]. European Journal of Pharmaceutical Sciences, 2009, 37 (3-4): 223-230.

[129] Livney Y D. Milk Proteins as Vehicles for Bioactives [J]. Current Opinion in Colloid & Interface Science, 2010, 15 (1-2): 73-83.

[130] Zhan P Y, Zeng X H, Zhang H M, et al. High-Efficient Column Chromatographic Extraction of Curcumin from Curcuma Longa [J]. Food Chemistry, 2011, 129 (2): 700-703.

[131] Siriwardhana N, Lee K W, Kim S H, et al. Antioxidant Activity of Hizikia Fusiformis on Reactive Oxygen Species Scavenging and Lipid Peroxidation Inhibition [J]. Food Science and Technology International, 2003, 9 (5): 339-346.

[132] Gulcin I. Antioxidant and Antiradical Activities of L-Carnitine [J]. Life Sciences, 2006, 78 (8): 803-811.

[133] Mohammadi F, Bordbar A K, Divsalar A, et al. Interaction of Curcumin and Diacetylcurcumin with the Lipocalin Member Beta-Lactoglobulin [J]. Protein Journal, 2009, 28 (3-4): 117-123.

[134] Wang B, Li D, Wang L J, et al. Ability of Flaxseed and Soybean Protein Concentrates to Stabilize Oil-in-Water Emulsions [J]. Journal of Food Engineering, 2010, 100 (3): 417-426.

[135] 薛娟琴, 吴川眉. 超声波对溶液性质的影响 [J]. 金属世界, 2008 (1): 25-28.

[136] Tapal A, Tiku P K. Complexation of Curcumin with Soy Protein Isolate and Its Implications on Solubility and Stability of Curcumin [J]. Food Chemistry, 2012, 130 (4): 960-965.

[137] Vito F D, Ferrari G. Application of Pulsed Electric Field (Pef) Techniques in Food Processing [D]. Italy: University of Salerno, 2006.

[138] Pan Z L, Qu W J, Ma H L, et al. Continuous and Pulsed Ultrasound-Assisted Extractions of Antioxidants from Pomegranate Peel [J]. Ultrasonics Sonochemistry, 2012, 19 (2): 365-372.

[139] Tabaraki R, Heidarizadi E, Benvidi A. Optimization of Ultrasonic-Assisted Extraction of Pomegranate (Punica Granatum L.) Peel Antioxidants by Response Surface Methodology [J]. Separation and Purification Technology, 2012, 98: 16-23.

[140] Teng H, Jo I H, Choi Y H. Optimization of Ultrasonic-Assisted Extraction of Phenolic Compounds from Chinese Quince (Chaenomeles Sinensis) by Response Surface Methodology [J]. Journal of the Korean Society for Applied Biological Chemistry, 2010, 53 (5): 618-625.

[141] Sun J X, Bai W B, Zhang Y, et al. Identification of Degradation Pathways and Products of Cyanidin-3-Sophoroside Exposed to Pulsed Electric Field [J]. Food Chemistry, 2011, 126 (3): 1203-1210.

[142] Topallar H, Gecgel I U. Kinetics and Thermodynamics of Oil Extraction from Sunflower Seeds in the Presence of Aqueous Acidic Hexane Solutions [J]. Turkish Journal of Chemistry, 2000, 24 (3): 247-253.

[143] 刘伟民. 决明子配方颗粒制备及提取过程动力学研究 [D]: 广州: 广州中医药大学, 2010: 3-141.

[144] 程能林. 溶剂手册 [M]. 北京: 化学工业出版社, 2007: 391.

[145] Rouhani S, Alizadeh N, Salimi S, et al. Ultrasonic Assisted Extraction of Natural Pigments from Rhizomes of *Curcuma Longa L.* [J]. Progress in Color Colorants and Coatings, 2009, 2: 103-113.

[146] Tayyem R R, Heath D D, Al-Delaimy W K, et al. Curcumin Content of Turmeric and Curry Powders [J]. Nutrition and Cancer-an International Journal, 2006, 55 (2): 126-131.

[147] Sahu A, Kasoju N, Bora U. Fluorescence Study of the Curcumin-Casein Micelle Complexation and Its Application as a Drug Nanocarrier to Cancer Cells [J]. Biomacromolecules, 2008, 9 (10): 2905-2912.

[148] 刘媛, 谢孟峡, 康娟. 三七总皂苷对牛血清白蛋白溶液构象的影响 [J]. 化学学报, 2004, 61 (8): 1305-1310.

[149] Sneharani A H, Karakkat J V, Singh S A, et al. Interaction of Curcumin with Β-Lactoglobulin-Stability, Spectroscopic Analysis, and Molecular Modeling of the Complex [J]. Journal of Agricultural and Food Chemistry, 2010, 58 (20): 11130-11139.

[150] Priyadarsini K I, Maity D K, Naik G H, et al. Role of Phenolic O-H and Methylene Hydrogen on the Free Radical Reactions and Antioxidant Activity of Curcumin [J]. Free Radical Biology and

Medicine, 2003, 35 (5): 475-484.

[151] Wei Q Y, Chen W F, Zhou B, et al. Inhibition of Lipid Peroxidation and Protein Oxidation in Rat Liver Mitochondria by Curcumin and Its Analogues [J]. Biochimica Et Biophysica Acta - General Subjects, 2006, 1760 (1): 70-77.

[152] Chen W F, Deng S L, Zhou B, et al. Curcumin and Its Analogues as Potent Inhibitors of Low Density Lipoprotein Oxidation: H-Atom Abstraction from the Phenolic Groups and Possible Involvement of the 4-Hydroxy-3-Methoxyphenyl Groups [J]. Free Radical Biology and Medicine, 2006, 40 (3): 526-535.

[153] Dai F, Chen W F, Zhou B, et al. Antioxidative Effects of Curcumin and Its Analogues against the Free-Radical-Induced Peroxidation of Linoleic Acid in Micelles [J]. Phytotherapy Research, 2009, 23 (9): 1220-1228.

[154] Ruby A J, Kuttan G, Babu K D, et al. Antitumor and Antioxidant Activity of Natural Curcuminoids [J]. Cancer Letters, 1995, 94 (1): 79-83.

[155] Shen L, Zhang H Y, Ji H F. Successful Application of Td-Dft in Transient Absorption Spectra Assignment [J]. Organic Letters, 2005, 7 (2): 243-246.

[156] Boye J I, Alli I. Thermal Denaturation of Mixtures of A-Lactalbumin and B-Lactoglobulin: A Differential Scanning Calorimetric Study [J]. Food Research International, 2000, 33 (8): 673-682.

[157] De Wit J N, Swinkels G A M. A Differential Scanning Calorimetric Study of the Thermal Denaturation of Bovine B-Lactoglobulin Thermal Behaviour at Temperatures up to 100℃ [J]. Biochimica et Bio-

physica Acta（BBA）-Protein Structure，1980，624（1）：40-50.

[158] 梁文权．生物药剂学与药物动力学［M］. 北京：人民卫生出版社，2007：18-21.

[159] 郭本恒．乳品化学［M］. 北京：中国轻工业出版社，2001：160-163.

[160] Foti M C，Barclay L R C，Ingold K U. The Role of Hydrogen Bonding on the H-Atom-Donating Abilities of Catechols and Naphthalene Diols and on a Previously Overlooked Aspect of Their Infrared Spectra［J］. Journal of the American Chemical Society，2002，124（43）：12881-12888.

[161] Prior R L，Wu X L，Schaich K. Standardized Methods for the Determination of Antioxidant Capacity and Phenolics in Foods and Dietary Supplements［J］. Journal of Agricultural and Food Chemistry，2005，53（10）：4290-4302.

[162] Chen L Y，Remondetto G E，Subirade M. Food Protein-Based Materials as Nutraceutical Delivery Systems［J］. Trends in Food Science & Technology，2006，17（5）：272-283.

[163] Gu Y S，Regnier L，McClements D J. Influence of Environmental Stresses on Stability of Oil-in-Water Emulsions Containing Droplets Stabilized by Beta-Lactoglobulin-Iota-Carrageenan Membranes［J］. Journal of Colloid and Interface Science，2005，286（2）：551-558.

[164] 刘小杰，何国庆，陶飞，等．中链甘油三酯及其在食品工业中的应用［J］. 食品科学，2005（8）：469-472.

[165] 涂向辉，邱寿宽，袁永红．中链甘油三酯［J］. 西部粮油科技，2002（6）：45-48.

[166] Marten B，Pfeuffer M，Schrezenmeir J. Medium-Chain Triglycerides

[J]. International Dairy Journal, 2006, 16 (11): 1374-1382.

[167] Mason T G, Wilking J N, Meleson K, et al. Nanoemulsions: Formation, Structure, and Physical Properties [J]. Journal of Physics-Condensed Matter, 2006, 18 (41): R635-R666.

[168] Euston S R, Finnigan S R, Hirst R L. Aggregation Kinetics of Heated Whey Protein-Stabilized Emulsions [J]. Food Hydrocolloids, 2000, 14 (2): 155-161.

[169] Monahan F J, McClements D J, German J B. Disulfide-Mediated Polymerization Reactions and Physical Properties of Heated Wpi-Stabilized Emulsions [J]. Journal of Food Science, 1996, 61 (3): 504-509.

[170] Demetriades K, McClements D J. Influence of Ph and Heating on Physicochemical Properties of Whey Protein-Stabilized Emulsions Containing a Nonionic Surfactant [J]. Journal of Agricultural and Food Chemistry, 1998, 46 (10): 3936-3942.

[171] Gu Y S, Decker E A, McClements D J. Influence of Ph and Iota-Carrageenan Concentration on Physicochemical Properties and Stability of Beta-Lactoglobulin-Stabilized Oil-in-Water Emulsions [J]. Journal of Agricultural and Food Chemistry, 2004, 52 (11): 3626-3632.

[172] Wahlang B, Pawar Y B, Bansal A K. Identification of Permeability-Related Hurdles in Oral Delivery of Curcumin Using the Caco-2 Cell Model [J]. European Journal of Pharmaceutics and Biopharmaceutics, 2011, 77 (2): 275-282.

[173] Yu H L, Huang Q R. Improving the Oral Bioavailability of Curcumin Using Novel Organogel-Based Nanoemulsions [J]. Journal of Agricultural and Food Chemistry, 2012, 60 (21): 5373-5379.

[174] Yu H L, Huang Q R. Investigation of the Absorption Mechanism of Solubilized Curcumin Using Caco-2 Cell Monolayers [J]. Journal of Agricultural and Food Chemistry, 2011, 59 (17): 9120-9126.

[175] Yue G G L, Cheng S W, Yu H, et al. The Role of Turmerones on Curcumin Transportation and P-Glycoprotein Activities in Intestinal Caco-2 Cells [J]. Journal of Medicinal Food, 2012, 15 (3): 242-252.

[176] Hou X L, Takahashi K, Tanaka K, et al. Curcuma Drugs and Curcumin Regulate the Expression and Function of P-Gp in Caco-2 Cells in Completely Opposite Ways [J]. International Journal of Pharmaceutics, 2008, 358 (1-2): 224-229.

[177] Wal J M. Structure and Function of Milk Allergens [J]. Allergy, 2001, 56: 35-38.

[178] Tsabouri S, Douros K, Priftis K N. Cow's Milk Allergenicity [J]. Endocrine Metabolic & Immune Disorders-Drug Targets, 2014, 14 (1): 16-26.

[179] Fritsche R, Pahud J J, Pecquet S, et al. Induction of Systemic Immunologic Tolerance to Beta-Lactoglobulin by Oral Administration of a Whey Protein Hydrolysate [J]. J Allergy Clin Immunol, 1997, 100 (2): 266-273.

[180] Besler M, Steinhut H, Paschke A. Stability of Food Allergens and Allergenicity of Processed Foods [J]. Journal of Chromatography B, 2001, 756 (1-2): 207-228.

[181] Kurisaki J-i, Nakamura S, Kaminogawa S, et al. The Antigenic Properties of Β -Lactoglobulin Examined with Mouse Ige Antibody [J]. Agricultural and Biological Chemistry, 1982, 46 (8):

2069-2075.

[182] Selo I, Clement G, Bernard H, et al. Allergy to Bovine Beta-Lactoglobulin: Specificity of Human Ige to Tryptic Peptides [J]. Clinical and Experimental Allergy, 1999, 29 (8): 1055-1063.

[183] Li H M, Ma Y, Xiang J J, et al. Comparison of the Immunogenicity of Yak Milk and Cow Milk [J]. European Food Research and Technology, 2011, 233 (4): 545-551.

[184] Wu X L, Zhong X J, Liu M X, et al. Reduced Allergenicity of Beta-Lactoglobulin in Vitro by Tea Catechins Binding [J]. Food and Agricultural Immunology, 2013, 24 (3): 305-313.